甜蜜手作
浓情巧克力

[韩] 李缙持 著
辛海敏 译

“Everyone can be a chocolatier”

中国纺织出版社有限公司

图书在版编目（CIP）数据

甜蜜手作：浓情巧克力 /（韩）李缗持著；辛海敏译. --北京: 中国纺织出版社有限公司，2021.7
ISBN 978-7-5180-8009-0

Ⅰ. ①甜…　Ⅱ. ①李…　②辛…　Ⅲ. ①巧克力糖-甜食-制作　Ⅳ. ①TS972.134

中国版本图书馆CIP数据核字（2020）第200313号

原文书名：CHOCOLATE
原作者名：이민지

著作权合同登记号：图字：01-2021-0199

责任编辑：范红梅　　责任校对：楼旭红　　责任印制：王艳丽

中国纺织出版社有限公司出版发行
地址：北京市朝阳区百子湾东里 A407 号楼　邮政编码：100124
销售电话：010—67004422　传真：010—87155801
http://www.c-textilep.com
中国纺织出版社天猫旗舰店
官方微博 http://weibo.com/2119887771
北京华联印刷有限公司印刷　各地新华书店经销
2021 年 7 月第 1 版第 1 次印刷
开本：787×1092　1/16　印张：13.5
字数：131 千字　定价：78.00 元

序 言

我20岁出头时，经常泡在书店里，有一天偶然发现了一本叫作《巧克力技师》的书，并自然地买了下来，虽然那是我第一次知道还有一种职业叫作“巧克力技师”，但我“沦陷”了。我通过多种渠道探索如何成为一名巧克力技师，这一过程中我看到了巧克力工厂的工人戴着防尘帽，用手把从输送轨道里运出来的巧克力从模具里拿出来再进行包装的视频，当时我就确信我一定要在那里工作，在那之后我就在假期时去了澳大利亚。

之所以选择澳大利亚是因为我要去的学校母语得是英语，当时我想要成为巧克力技师的想法十分强烈，我刚到澳大利亚就开始努力寻找与巧克力相关的工作，到澳大利亚的第6个月，我终于在想要工作的巧克力工厂里上班了。从那时开始，我积攒了很多经验，并遇到了很多执着于巧克力魅力的大师，起初由于我想要积累经验，所以我每隔6个月会换份工作，主要负责的内容也不同。之后也就自然地和怀揣同一梦想的朋友参加了聚会，第一场聚会都是我的朋友，我们互相学习，累积了难忘的经验。

工作期间还认识了一位法国朋友，之后我又去法国工作了4个月。在听我很尊敬的技师讲课时，他问我要不要参加展会，那也是我第一次参加巧克力展会，20多岁的年纪好像除了学习制作巧克力并认识志同道合的朋友之外，对别的东西没有任何兴趣。

真正当上巧克力技师后，我也给别人做培训，一年间我收获了许多经验，不仅提升了自己还了解到了关于巧克力技师这份真正具有魅力和价值的工作。

我学习和工作并行，以便填补自己的不足。已经成为了一名巧克力技师的我，后来在入学的学校里还和同学讲述了我和巧克力那段“姻缘”，真是一段令人难忘的故事啊。

由于对巧克力的热情不减，6年期间我去过澳大利亚、加拿大、法国等多个地区，积攒丰富经验的同时，还和一帮帅气的朋友、技师、甜点师度过了一段难忘的时光。

如今我将那些经验慢慢地内化为自己的风格，我想把“巧克力技师”这份工作介绍给想在小空间内学习巧克力的诸多朋友，并告诉他们这份工作是多么有魅力，多么让人心情愉悦。真心希望大家能通过这本书得到更多、更好的灵感。

李缙持

2019年9月

使用本书的方法

第一章

02 基本理论

巧克力的原料

巧克力的分类

制作巧克力的基本理论

制作巧克力前需要先理解巧克力的理论和原理，为了让刚刚接触巧克力的人也能轻松理解这些必要的理论和原理，我会简单明了地解释专业词汇，从为什么需要调温，到为什么制作过程中会产生花斑，以及稳定的甘纳许的制作条件等。

第二章

05

上色

刷子上色

基础工作

只要准确无误地理解这部分内容，第三章的学习就会轻松很多，也是这本书最重要的部分，这部分尽量详细且简明地介绍了制作巧克力需要的所有步骤和内容，包括制作巧克力过程中最重要的调温和混合了色素的可可脂的制作步骤，以及巧克力模具的上色和利用模具填充甘纳许制作巧克力的操作过程等。

第三章

焦糖巧克力配方

公开了22种具有浓郁焦糖风味的巧克力配方。从巧克力棒到小巧可人的夹心巧克力，再到多重甘纳许叠加的脆皮巧克力。本书反复推敲了22种巧克力蕴含的多种技法和设计，你可以经过多次练习找到属于自己的方法。多种甘纳许组合配制而成的巧克力会给你带来多重风味及灵感。

第四章

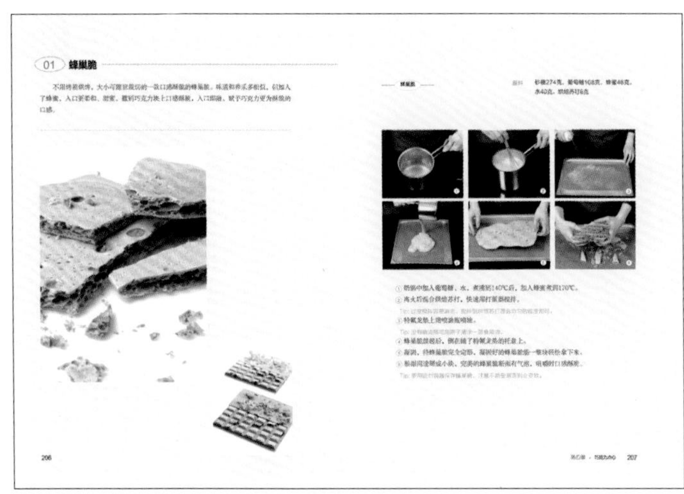

巧克力点心

介绍了有装饰作用的蜂巢脆、甜脆可可粒以及3种酥饼。除了本书展示的巧克力组合之外，大家也可以将各自的喜好、口感和设计，运用于多种巧克力之中。

目录

第一章

第二章

第三章

第四章

第一章

制作巧克力的基本理论

想要做出高完成度的巧克力必须熟记它的基本理论，只有准确无误地理解了理论基础才能使制作过程行云流水。即使是巧克力初学者看了本书也能轻松理解巧克力的构成，怎样分离巧克力，为什么要调温，不想甘纳许分离应该怎么做，制作过程中需要注意哪些方面等。本章介绍了制作巧克力的基本理论和原理。

01 基础工具与材料

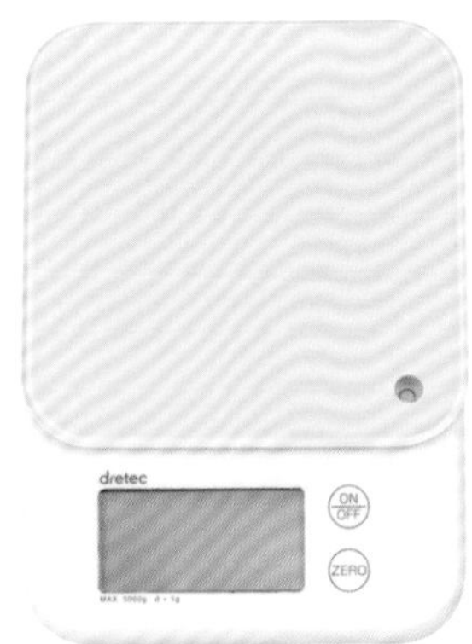

电子秤

精准称重的工具，如制作较少的甘纳许时，为了计量少许材料，最好使用带小数点的电子秤。

喷枪

和空气压缩机搭配使用，装入混合了色素的可可脂，利用气压喷涂以便给巧克力模具上色，或者通过吹风的方式制作巧克力的装饰。制作巧克力最好购买 0.8 毫米以上的喷嘴，吸入式喷枪比重力式喷枪更好。喷涂模具上颜色，也能用刷子替代喷枪。

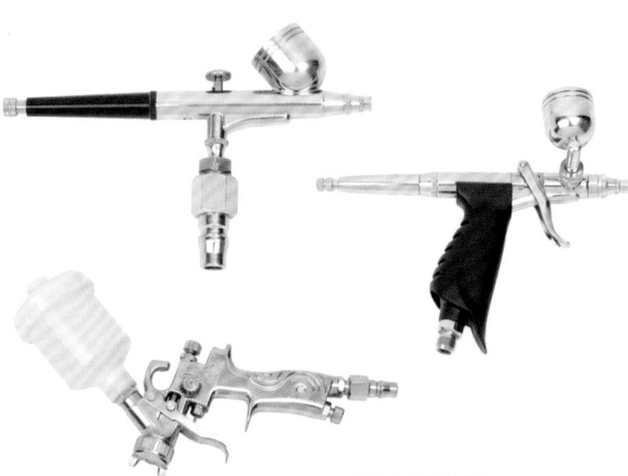

热风枪

通过加热吹出热风熔化巧克力，或作为提高温度、局部加热的工具使用。也可用吹风机代替，但吹风机风力比热风枪强，使用时要把握好与目标物间的距离。

巧克力调温机

底部和边缘有电热线加热，能使巧克力长时间保持恒定温度。推荐销售、需大量生产时使用，少量制作时可用温水维持温度。

手持搅拌器

混合甘纳许不要用两刀头的搅拌器，最好用四刀头的。制作巧克力的过程中，电压低会导致发动机烧坏，要选用 700 瓦以上的搅拌器。

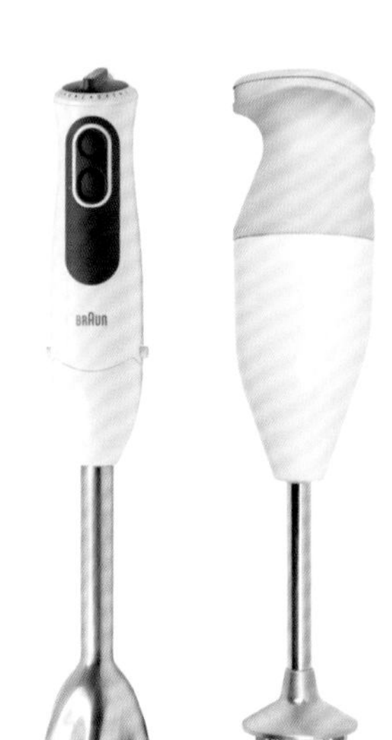

三层复合奶锅

加热液体或煮奶油、果酱，隔水加热巧克力时使用。

塑料碗

能在微波炉里加热的塑料材质，制作甘纳许的过程中需要熔化少量物体时经常用到，如熔化巧克力等。

浸渍叉

把甘纳许浸到巧克力里时使用，种类多样。最好用经过打磨后的针头，因为只有那样沾浸时巧克力才容易滑落，方便制作。

刮刀

一字型和 L 型刮刀准备大、中、小号各一把。制作巧克力过程中，在大理石台调温时，或者沾浸甘纳许、制作巧克力装饰时经常使用。

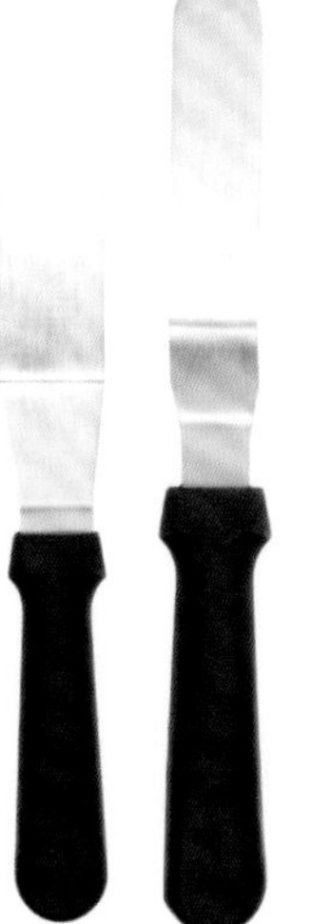

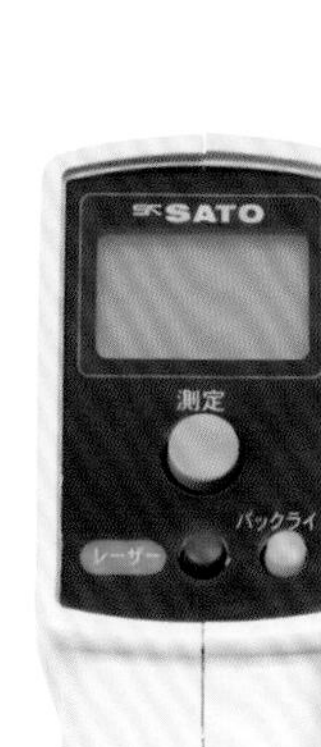

电子温度计

制作巧克力的过程中，最重要的就是测量温度，插到物体里面测量温度的水银温度计，每次测完都得擦拭，很不方便，推荐大家使用电子温度计。但电子温度计测量的是物体表面温度，如目标温度是 31℃，最好使温度显示为 30 ~ 31℃，并多次搅拌物料，反复测量。

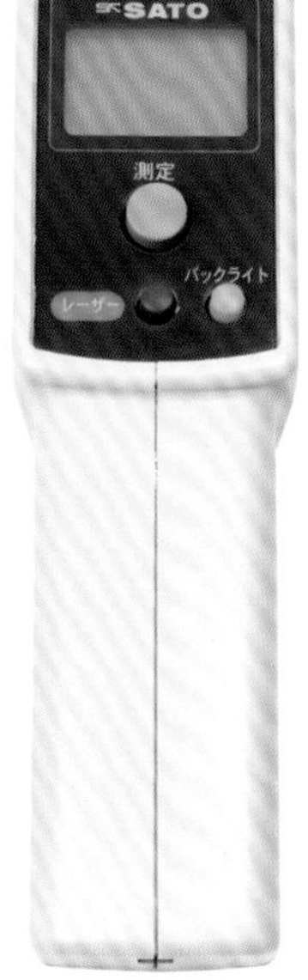

挤花袋 / 裱花袋

用于往巧克力模具或巧克力硬壳里挤甘纳许，或装入适量巧克力进行适当的裱花。

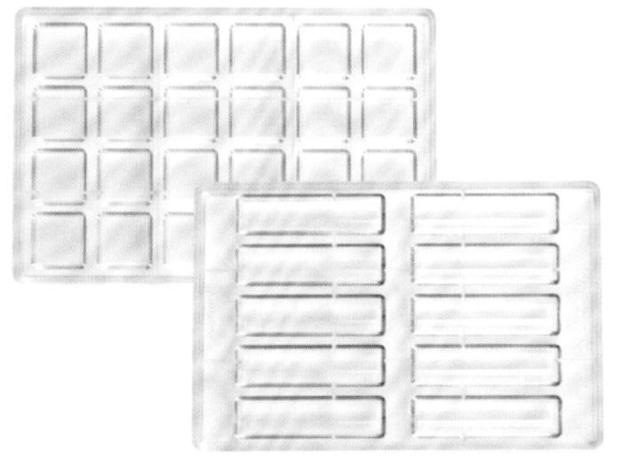

巧克力模具

在模具内装入调温后的巧克力，用于冷却凝固；款式多、耐热还坚固的材质是聚碳酸酯；使用模具比沾浸出来的巧克力口感好，款式多，还能做出表面有光泽的巧克力。

透明贴纸

可在透明贴纸上制作巧克力装饰，在巧克力装入模具后，冷却凝固时使用的一种软纸。由于贴纸的柔软度和巧克力的收缩性相似，所以在透明贴纸上调和调温后的巧克力，凝固后将贴纸揭开不会留痕迹，非常干净。

小刀

制作巧克力装饰或者雕刻巧克力形状时用到的一种工具；大小比普通的刀小，方便制作小型的巧克力。

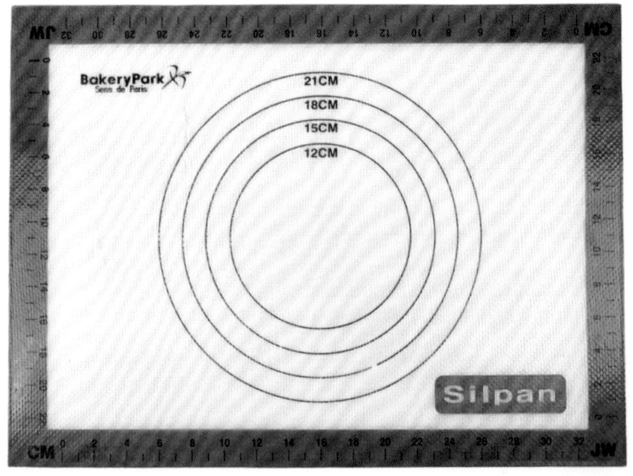

硅胶垫

放到烤盘上使用的硅胶材质垫，也可用相对廉价的特氟龙涂层垫；烘烤酥饼原料时最好用垫子上有纹路的硅胶透气垫，烤完后酥饼上会印有花纹，硅胶透气垫上有很多小气孔，能防止酥饼出现花斑现象。

甘纳许框

将甘纳许冷却成四方形时用到的一种工具，也可用烘焙隔离条（金属）、丙烯等材料。除了制作甘纳许，也能用于冷却定形牛轧糖、焦糖等。制作分层甘纳许时最好用丙烯框，厚度为 2 ～ 3 毫米，可根据自身需要选择使用。

刷子

可用于给巧克力模具刷色素或装饰食用金箔。最好选用不轻易掉毛的刷子。

硅胶铲

硅胶材质的宽铲子，可以用于搅拌巧克力，也有助于往外倒碗里的液体，而且硅胶耐热性强，煮果汁也完全没问题。

黄铜印章

在熔化了的巧克力上面印纹样，用于装饰巧克力。使用之前需放到冰箱冷冻，只有这样才能使巧克力瞬间降温、收缩，纹样也利落干净，不留瑕疵。

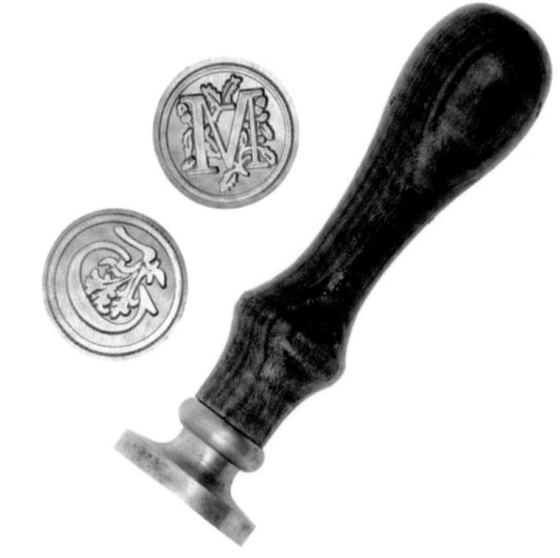

不锈钢尺子

在裁切凝固的甘纳许时使用，或是测量产品长度时使用。

硬刷子

在巧克力表面制作划痕，用于制作树纹、橡果皮等粗糙纹路。这类纹路的制作不要用柔软的刷毛，最好用硬刷子。

金属刮刀

沾有巧克力的刮刀，要先用其他刮刀刮掉巧克力才能再次使用，所以最好准备两个以上的金属刮刀。入模、大理石冷却调温等操作经常用到金属刮刀。

塑料刮刀

塑料材质相对较软。可用来把裱花袋里的液体往出口推挤，或是沾点调温后的巧克力，观察巧克力是否调温成功，此外还能用来切酥饼原料。

01

调温巧克力

指的是可可脂含量 30% 以上，并且不含椰子油、棕榈油等食用油，只含纯粹的可可脂的高级巧克力。本书中用了“百乐嘉利宝（Barry-Callebaut）”和“法芙娜（Valrhona）”，详情参考第 28 ~ 29 页。

食用珠光粉

食用珠光粉有金粉、银粉之分。可以和巧克力色素混合使用，也能沾到巧克力或者巧克力装饰上，使包装更高端、大气。

奶油

主要用于甘纳许的调制，这里用的是“UHT 动物奶油（无蔗糖）35.1%”。只有可可脂的脂肪混合到奶油中，甘纳许才更趋于稳定，所以要用脂肪含量为 35% 左右的低脂肪产品。

瞬间冷却剂

也叫“急速降温剂”，可瞬间降温到 -50℃，用来冷却定形巧克力。

Chocolate Colors

R-CHEMY

Chocolat Red

脂溶性色素

由于巧克力的主要成分是脂肪，所以一定要使用脂溶性色素。主要用来和可可脂混合喷涂巧克力模具，或者和白巧克力混合，用作装饰品。

彩色可可脂

本书中将可可脂中混合了色素的产物命名为“彩色可可脂”。可按照自己想要的比例混合色素，制作“彩色可可脂”。混合了色素的可可脂可直接进行调温。

巧克力硬壳

中间是空心的圆形巧克力硬壳，也叫松露壳（Truffle shell），有黑巧克力硬壳、牛奶巧克力硬壳、白巧克力硬壳 3 种，硬壳主要用于装甘纳许并堵住开口，做成巧克力豆、松露巧克力。

葡萄糖

由玉米淀粉制成，可避免结晶，经常用于制作甘纳许或是用于巧克力装饰的塑形巧克力。

黄油

经常用于制作甘纳许或者巧克力上的装饰点心。本书中用到的是爱乐微铁塔（Elle&Vire），乳脂肪 85% 的无盐黄油。

香草荚

主要用来制作甘纳许。本书中为了不损失香草浓郁的味道，用了马达加斯加产的香草荚。

果酱

果肉制成的黏稠产品，保质期一般为 1 年，一年内口感和品质都不会损坏。制作巧克力过程中，用果酱做成甘纳许或果冻，然后填充到巧克力硬壳内。

转化糖（Trimolin）

制作巧克力的过程中，主要用于甘纳许的调制，使其保持柔滑、湿润的状态且能增加甜味。稀酸或酶对蔗糖作用后所得的葡萄糖和果糖的混合物叫作转化糖。

02 基本理论

◆ 巧克力的原料

• 可可（cacoa）_可可树的果实，也是制作巧克力的原料。

• 可可豆（cacoa bean）_可可豆是可可中可食用的种子。将可可摘下来后不去除它的白色胶质，经过发酵、调节水分含量，干燥、烘焙后保留7%～8%的剩余水分。

• 可可碎（cacoa nibs）_可可豆在烘焙过程中，去除外壳碾碎后的产物。

• 可可液块（chocolate liquer）_可可块经过持续、反复碾碎的过程，脂肪溶出，形成液体的状态。

• 可可脂（cacoa butter）_可可碎经过压榨后得到的脂肪。经过压榨得到可可脂和可可饼块，根据巧克力产品种类的不同，调节二者相互之间的比例。

• 可可饼块（cacoa cake）_ 提取可可脂后剩余的固态物质。

• 可可粉（cocoa powder）_分离可可脂后，再将可可饼块粉碎成粉状的物质，也是处理可可过程中的最终产物。

• 蛋黄素（lecithin）_乳化剂（emulsifier）的一种，作用是降低巧克力黏度。蛋黄素能防止糖分吸收水分，使巧克力保持低黏稠度。

◆ 巧克力的分类

“巧克力”是以可可为原料，通过添加其他物质和食品添加剂制成的产品，巧克力中至少含有35%的可可干燥成分（可可脂18%以上，无脂肪可可块14%以上）。

巧克力根据可可块含量的不同，大致分为黑巧克力、牛奶巧克力和白巧克力3种。

黑巧克力的主要原料是可可块、糖粉、可可脂，其中可可块的含量最高。牛奶巧克力的主要原料是可可块、糖粉、可可脂、乳脂，可可块的含量没有黑巧克力高，但油脂成分高。白巧克力的主要原料是可可脂、糖粉、乳脂，它的特点是不含有可可块。

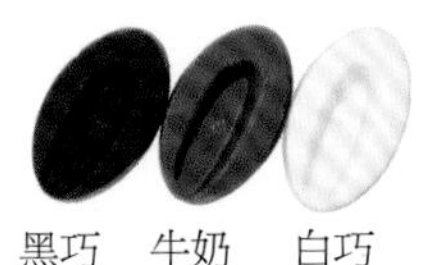

黑巧克力 牛奶巧克力 白巧克力

- 黑巧克力（dark chocolate）=可可块+糖粉+可可脂+香料+乳化剂
- 牛奶巧克力（milk chocolate）=可可块+糖粉+可可脂+乳脂+香料+乳化剂
- 白巧克力（white chocolate）=可可脂+糖粉+乳脂+香料+乳化剂

也可根据巧克力的形态进行分类。

- 巧克力球（bonbon chocolate）_17世纪法国皇室第一次使用单词“球状（bonbon）”，意为“美好”“小点心”。在巧克力中它指“一口一个的小巧克力”。这一类巧克力的代表有法国的甘纳许（ganache）和比利时的夹心巧克力（praline）。
- 方块巧克力（solid chocolate）_利用四方模具制作的块状、扁平的巧克力。
- 硬壳巧克力（shell chocolate）_巧克力硬壳内灌入甘纳许等填充物制成的产品，巧克力硬壳可直接买成品，也可以自己利用模具制作。
- 空心巧克力（hollow chocolate）_指的是利用巧克力模具制成的中间空心的巧克力。由于中间空心，所以质量较轻，体积较大，市面上很难见到此类巧克力，其主要用于工艺巧克力的制作。
- 巧克力点心（enrober chocolate）_在酥饼原料上涂抹巧克力。

◆ 可可脂和调温

“调温”是巧克力制作过程中的可可脂结晶的过程。也就是说，只有含有可可脂的巧克力需要调温，不含有可可脂的巧克力（如免调温巧克力）是不需要调温的。

巧克力中的可可脂是甘油三酯（triglyceride），是由甘油和3个脂肪酸所形成的酯类。（甘油三酯：甘油中混合了3个脂肪酸结合体，根据脂肪酸组合的不同，其性质也不同）正因为如此，可可脂需要结晶（规则排列）呈坚硬状态。可可脂受温度影响，有6种形态，结晶时可能产生多种结晶状态或者有多个熔点（固态熔化到液态的温度）。熔点不同表现出来的风味、手感、光泽也不同。

Ⅰ (Y) : 17℃ ; Ⅱ (α) : 23℃ ; Ⅲ (β') : 25℃ ; Ⅳ (β') : 27℃ ; Ⅴ (β) : 34℃ ; Ⅵ (β) : 36℃

我们调温的终极目的是要得到6种结晶体中密度最高、熔点最高的巧克力结晶。6种结晶体中，熔点高的Ⅴ型结晶表面平滑又有光泽，坚硬的同时入口丝滑，还能长时间保存，不易损坏，调温的目的就是要形成Ⅴ型结晶体。

6种结晶状态中，熔点高且平稳的是“Ⅴ型结晶”和“Ⅵ型结晶”，其中“Ⅴ型结晶”更好，其原因有如下3点。

❶ Ⅴ型结晶体比Ⅵ型结晶体小，表面更平滑，密度也恰到好处。

❷ 和温度更高的Ⅵ型结晶状态比，Ⅴ型结晶状态更接近人体的体温，入口更柔和。

❸ Ⅵ型结晶体在形成过程中，容易产生使产品品质低下的“花斑现象”。

将34℃以上熔化的巧克力冷却凝固，为了使Ⅵ型结晶和Ⅲ型结晶的分子结构趋于稳定，巧克力分子会转换成Ⅵ型结晶体，在这个过程中就会引起花斑现象。产生花斑的巧克力不仅表面凹凸不平，风味、触感、口感、光泽都会变差，大大降低产品品质。

也就是说，6种结晶状态中，我们想要得到提取可可脂优点的Ⅴ型结晶体，这个过程就叫调温，或者说熔化巧克力、冷却凝固，得到表面光滑的Ⅴ型结晶体的过程就叫调温。

◆ 花斑现象

花斑现象是由多种原因引起的巧克力品质低下的一种现象，调温过程、流通过程、保存过程等都有可能导致巧克力品质降低。品质低下的巧克力表面无光泽，还经常会产生白点，这种现象可从可可脂上找到原因，大体可分为“油斑（fat bloom）”和“白霜（sugar bloom）”两种现象。

• 油斑

油斑是巧克力调温不稳定或者巧克力储存温度在28℃以上时产生的一种现象。巧克力熔化再凝固后，可可脂受热浮起，这时新形成的晶体变大的同时，在表面受光反射的影响，斑点变大、发白，而且还会渗透到巧克力内部，最终导致巧克力的口感和品质降低。

• 白霜

巧克力中的糖粉可能吸收了水分，或受巧克力内部水分的影响，糖粉熔化。水分蒸发掉以后，糖粉结晶形成了一层白霜。巧克力在流通过程中，裸露在潮湿的地方或者温差过大时，也可能产生此现象。

油斑

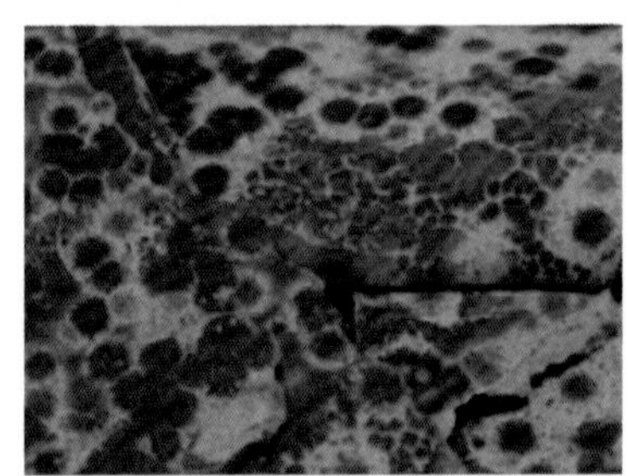
白霜

◆ 稳定的甘纳许的条件

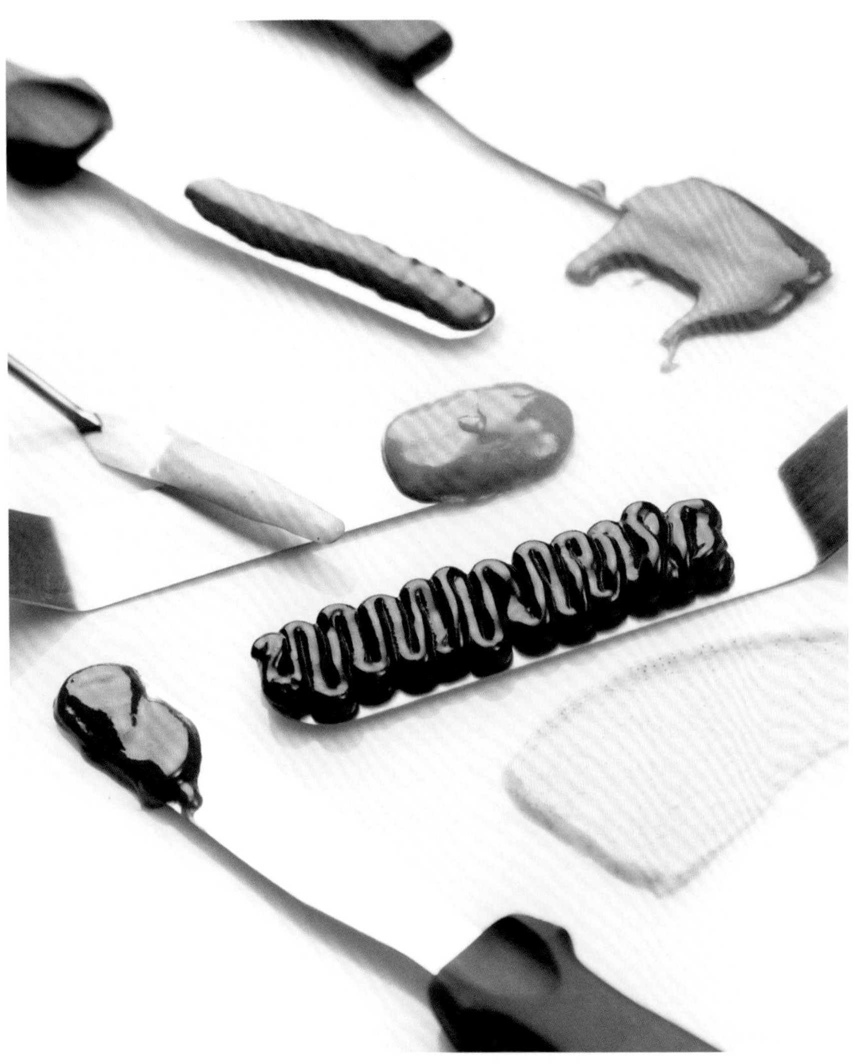

甘纳许是巧克力和奶油混合而成的产物，可用来填充巧克力和蛋糕的内部，还可经直接调制做成巧克力成品。雪糕、巧克力软糖、油酥等制作过程中也会用到甘纳许，还有一些由此产生的衍生品。甘纳许可制成多种形态，除了单纯的巧克力和奶油混合的产物之外，还可添加香辛料、香草、利口酒等其他材料，以增加产品的口感，用量可根据喜好自行调节。

甘纳许可以用悬浮液（suspension）来描述。

它是指不混合乳化剂（emulsion）的两种以上的液体（主要是水和油）的混合物，以很小的液珠形式均匀地分布在连续相中。乳化剂大体上可分为两种，不溶于水的有机液体为分散相的水包油型乳状液（奶油）和不溶于水的有机液体为连续相的油包水型乳状液（可可脂）。

但是巧克力不只是可可脂，还包括可可膏等不溶性固态物体，所以和刚才区分的乳化剂不同，它是大的、固态粒子均匀分散的“悬浮液”。这里混合了奶油的甘纳许，也可定义为“悬浮液”的一种。

- 可可脂（油包水型乳状液，water in oil emulsion）
- 奶油（水包油型乳状液，oil in water emulsion）

稳定的甘纳许需要以下3个条件。

• 温度

制作甘纳许时，奶油和巧克力的温度尤为重要，因为甘纳许可能会因为温度不同而分离。将奶油加热到60℃，巧克力提前熔化成液态（30～34℃），这样巧克力才能更好地和奶油混合。奶油里包含的蛋白质变性温度是65℃，如果温度再升高，持续加热会损失其醇香的味道，而且还可能使产品产生令人不阅的气味，大家需要格外注意。

• 搅拌（本书中称为“混合”）

可调温巧克力中含有的可可脂及纤维物质构成的不溶性可可固态成分，会混合在制作甘纳许的过程中，也正因如此，随着时间的推移，产品可能会发生沉淀或分离。为了制作出稳定的甘纳许，均匀混合显得尤为重要。

巧克力和奶油相互融合的过程中，由于摩擦使温度升高，巧克力中的糖会被奶油中的水分融化，不溶性的可可固体没有被融化，但会吸收水分，最终使甘纳许的表面越来越厚，黏度增加。

混合时，可用手工铲子进行搅拌，也可使用手持搅拌器。

• 手工铲子搅拌_巧克力中倒入奶油，开始时要利用摩擦力强烈地搅拌，混合差不多时，再将没有混合好的部分缓慢搅拌，直到产品呈现出光泽、平滑的状态。

• 手持搅拌器搅拌_巧克力中倒入奶油，将搅拌器的头插到甘纳许底端，尽量不卷入空气。开始时用高速挡搅拌，出现凝结时再慢慢降低速度。

这两种方法中，推荐大家尽量用手持搅拌器。将巧克力的粒子调到均匀一致，才能更好地和其他粒子混合，也才能延缓产品成分的分离，延长了保质期。粒子大小均匀、一致，产品的密度也随之提升，表面更加光滑。

• 结晶

调制好的甘纳许要在温度为18～20℃、湿度在55%～60%的环境下保存24小时，经历结晶的过程。保存时温度要一致，湿度也不能太大，表面还要用保鲜膜包住。这个环境下结晶的甘纳许更丝滑，更有质感。

♦ 制作巧克力的环境要求

制作环境不同，做出来的巧克力也大相径庭，其中左右巧克力制作成败的最主要的原因是“环境的温度”。最适宜做巧克力的环境温度是18～20℃、湿度为55%～60%。而且大家要注意，若制作巧克力时的温度和做完巧克力保存时的温度相差8℃以上，巧克力表面的光泽也就消失了。

即便是调好温的巧克力，如果存放环境不好，也能损坏巧克力的结晶，使巧克力光泽消失。还需要注意的是，反复溶解和结晶还可能导致花斑现象，最终做出来的巧克力品质也不好。

◆ 巧克力的保存

巧克力比其他产品难以保存的原因是它对周边环境更敏感，可能会改变巧克力中的水分含量。随着Aw（activity of water，水分活度）和相对湿度的不同，巧克力的状态会发生改变，所以保存巧克力时首先要考虑Aw、温度和密封。

• Aw

通过测定甘纳许的Aw，检查产品是否有游离水。这里的“游离水”指的是不结合其他要素的“水”。游离水在产品保存和微生物繁殖方面起着重要作用，产品的Aw越大，保存期限越短。Aw值从0（不含游离水）到1（纯水）之间。

• 温度

尽量减小制作巧克力和保存巧克力时的温差，湿度和温度急剧变化，容易引起花斑现象。环境温度要保持在18～20℃、湿度保持在55%～60%。剩下的巧克力要密封完好，避免光线直射，存放于干燥处。

• 密封

巧克力是集口感、芳香等很多要素于一体的味蕾甜品。除固有的酸味、苦味外，还有香酥的坚果味，甚至还有水果味的高级巧克力。享受这种味道组合带来的快感，并摸寻自己喜欢的味道，才是享受巧克力的最佳方法。

正因为如此，保存巧克力的过程中，不损坏巧克力固有的味道才是密封的关键。如果没有密封好，直接冷冻保存，巧克力可能附着上其他的味道，导致变质。

而且密封时也需要注意，味道浓烈的巧克力不能堆放在一起，需单独分装保存。将巧克力分装好，放在冰箱冷冻室里，从冷冻室拿出来的巧克力放在18～20℃的室温中，放置10～20分钟，使香味充分发挥出来后再食用。

02

♦ 本书中用到的调温巧克力

除了可可脂之外，没有其他代替油脂的高级巧克力叫“调温巧克力”。可可脂的含量高，糖分也就相应减少。高级巧克力能在嘴里柔和丝滑的原因是可可脂的熔点和人体温度相似，这也是可可脂的特点。

百乐嘉利宝（Barry-Callebaut） 比利时	
	黑巧克力 2815 • 香味浓郁，适合所有味道，使用广泛 • 可可含量57.7%，脂肪含量38%
	牛奶巧克力 823 • 奶味香浓（丝滑乳液）的巧克力 • 可可含量33.6%，脂肪含量35%，牛奶含量22%
	白巧克力 W2 • 牛奶味道鲜明的丝滑白巧克力 • 可可脂含量28%，脂肪含量36%，牛奶含量22%

法芙娜（Valrhona） 法国

GUANAJA 70%	圭那亚（Guanaja）70% • 苦中带点柔和的香味，高端的苦涩和优雅的香甜相互融合的一款巧克力 • 可可含量70%，糖分含量29%，脂肪含量42%
MANJARI 64%	曼特尼（Manjari）64% • 纯马达加斯加产的红果子味儿与坚果香味凝聚到一起的巧克力 • 可可含量64%，糖分含量35%，脂肪含量39%
JIVARA 40%	吉瓦纳（Jivara）40% • 入口为可可丰富浓郁、丝滑的味道，余味类似香草和麦芽 • 可可含量40%，糖分含量34%，脂肪含量41%，牛奶含量23%
BLOND DULCEY 32%	度思（Blond Dulcey）32% • 特点是色泽金黄、丝滑、质感润泽，散发着曲奇香气，稍微有点咸味黄油酥的味道，并带有淡淡的甜味 • 可可含量32%，糖分含量28.8%，脂肪含量45%
IVOIRE 35%	白巧克力（Ivoire）35% • 糖分含量非常低的一款白巧克力，特点是具有沁人心脾的奶味儿和淡淡的香草味 • 可可含量35%，糖分含量43%，脂肪含量41%，牛奶含量21%

02

◆ 巧克力词汇集锦

本书中用到的巧克力种类及相关内容都在相应位置做了详解。这些巧克力相关的词汇，如果我们都能理解到位，就能帮助我们更轻松地了解相关内容。

• 甘纳许（ganache）

在巧克力中混合牛奶或者奶油的产物，也指用它做出来的法式巧克力。

• 巧克力夹心（praline）

最初由比利时诺豪斯开发，在巧克力壳内填充多种液体。

• 调温（tempering）

使巧克力中的可可脂稳定凝固的过程，在本书第二章里有详细介绍。

• 磨光（polishing）

擦拭由聚碳酸酯材料制作的模具，去除巧克力残留，同时打光的过程。

• 沾浸（dipping）

甘纳许凝固切割后，利用浸渍叉将切割后的甘纳许浸泡到调温后的巧克力中再拿出来的过程。

• 硬壳（shell）

用巧克力制作的空心外壳，可做成圆形，或者用模具制作出多种不同形状。

• 填充（filling）

利用多种材料制成的填充物（可以是甘纳许，也可以是果冻等）挤到巧克力内部。

• 入模（molding）

调温后的巧克力倒入坚硬的模具中，做成形状、大小相同的硬壳，再进行填充和内里重新打磨的过程。本书在第二章和第三章中有做详细介绍。

• 装饰（garnish）

指食品装饰。这里指装饰做好的巧克力。

• 彩色可可脂（colored cocoa butter）

可可脂和脂溶性色素混合的产物本书中叫作“彩色可可脂”，主要用来给巧克力涂色，本书会在第42页中进行详细讲解。彩色可可脂不同于白巧克力里混合脂溶性色素粉（第62页）。

• 花斑现象（bloom）

调温、流通、保存等过程出现偏差时，导致巧克力品质低下的一种现象，使巧克力表面形成白霜或表面不光滑，产生斑点。根据产生原因的不同，花斑分为“油斑”和“白霜”，本书第22页里有详细介绍。

第二章

基础工作

在开始正式制作巧克力之前，给大家讲一下制作所有巧克力的共通点，如调温的方法、色素的配比、工具的使用方法等；还会对制作巧克力的过程中应用最广泛的模具以及入模的方法做详细的说明。充分理解第一章和第二章的内容，再通过练习第三章的配方，做出有自己风格和个性的巧克力。

01 3种调温方法

本书中第20页已经说明，含有可可脂的巧克力，让可可脂产生更为稳定结晶的过程叫“调温”。通过调温使巧克力表面更加光滑，入口即化，状态稳定，延长保存时间。

巧克力调温过程中，用力搅拌的动作很重要，巧克力中含有的可可脂、可可膏等不溶性固态成分，如果不强制搅拌会导致受热不均匀，也就是说需要通过搅拌的动作使调温的巧克力整体受热均匀。

不经过调温直接凝固的巧克力，表面无光泽，还会有白点花斑，入口也不柔和，有扎嘴的感觉，所以含有可可脂的巧克力一定要调温。

调温的方法有“水冷却降温法”“大理石台冷却法”“接种法”3种。本书中介绍的调温过程为“恒温”，但最好参考要进行调温的巧克力包装袋上的要求再进行调温。

◆ 水冷却降温法

水冷却降温，在可可脂结晶形成的调温过程中，有如下步骤。

❶ 将黑巧克力加热到50～55℃，使可可脂失去结晶状态。

❷ 再将温度降到27℃，经过预结晶（Pre-Crystallisation）的过程，形成Ⅳ型和Ⅲ型结晶。

❸ 再慢速加热到31～32℃（注意温度不能太高），此时形成Ⅳ型、Ⅲ型以及核心的Ⅴ型结晶，以这个过程为中心快速形成紧密、牢固的网状脂肪结晶（这个过程是巧克力凝固的过程）。不稳定的结晶（Ⅳ型和Ⅲ型结晶）在凝固过程中全部转换成核心Ⅴ型结晶，最终只留下Ⅴ型结晶结构，使晶体之间互锁排列。

- 水冷却降温法的优点：和接种法不同，调温不会影响巧克力的量，能快速制作出自己需要的巧克力量。
- 水冷却降温法的缺点：调温过程需要用到热水，隔水加热的方法使得巧克力有可能吸收水分，巧克力中吸收的水分被巧克力中的糖分再次吸收，导致变黏稠的砂糖微粒互相黏着，形成不再融化的状态，因此制作时要注意尽量减少水蒸气，可垫上抹布不让巧克力进水。

① 提前在不锈钢盆里放入凉水和抹布。

Tip：凉水是为了之后的降温做准备工作。把抹布泡在水里，防止调温时向外溅水，还能更好地固定装有巧克力的奶锅。

② 奶锅中装水，开小火慢慢地烧。锅上面放装有黑巧克力的带把手的不锈钢碗，使其只通过水蒸气的热度传热。

Tip：注意烧水的温度不能太高，防止水蒸气过多。

③ 利用刮刀将黑巧克力搅拌均匀，使其温度维持在 50 ~ 55℃。

Tip：含有乳脂肪（全脂奶粉）的牛奶巧克力、白巧克力调温时，温度要维持在 40 ~ 45℃。

④ **奶锅上熔化 80% 的黑巧克力后，将巧克力离火，利用奶锅的余热熔化剩余的黑巧克力。**

Tip：黑巧克力熔化 80% 左右离火是怕巧克力温度过高，而且利用余热完全能溶解剩下的 20%。（大家不要和第三章的甘纳许配方中利用微波炉熔化巧克力的过程混淆，用微波炉熔化至 70% 左右，再用余热熔化剩余的巧克力）

⑤ **黑巧克力的温度在 50 ~ 55℃时，将不锈钢碗放到装有凉水的盆中，使黑巧克力的温度降到 27℃。**

Tip：牛奶巧克力温度降低到 26℃，白巧克力降低到 25℃。

⑥ **温度降下来后，再将黑巧克力放到奶锅上，重新加热到 31℃。**

Tip：牛奶巧克力升到 30℃，白巧克力升到 29℃。牛奶巧克力和白巧克力比黑巧克力的温度低是因为其含有乳脂肪。乳脂肪成分的融点比可可脂低，所以牛奶巧克力和白巧克力要比黑巧克力的熔点低。

巧克力师的笔记

调温测试

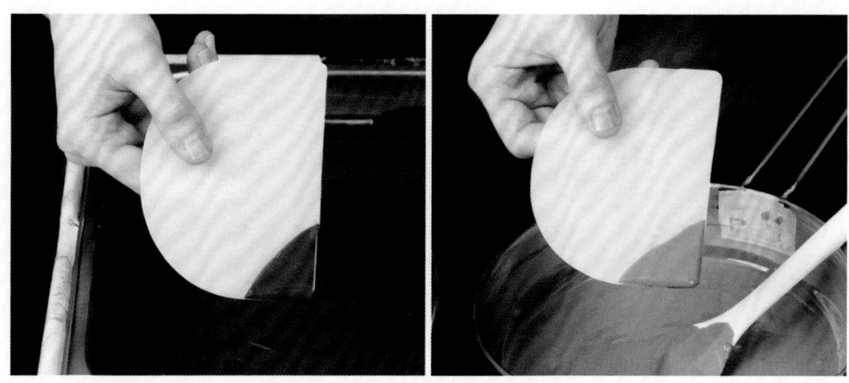

调温之后的巧克力最好先检查一遍，再进行加工制作。如果用了调温不准的巧克力，费尽心思做好的成品也不能用，还可能导致完成的巧克力品质低下。

检查的方法也简单，用塑料刮刀或者周围的道具，稍微沾点调温后的巧克力，放置5分钟，5分钟内巧克力凝固且有光泽就说明调温正确。

假如过了5分钟巧克力还没凝固或者黏手，再或者凝固时间太长还出现白斑，说明巧克力调温不对，需要重新调温。

※ 凝固的巧克力稍微有点线条或是巧克力凝固了但不均匀，需再次调温时，充分搅拌就能轻松解决这个问题。

◆◆ 大理石台冷却法

利用冰凉的大理石面降低巧克力温度的调温方法。本书中用少量巧克力做装饰品时，是在大理石板上铺一层保鲜膜进行制作的，操作步骤如下。

❶ 塑料碗中装入黑巧克力，熔化到50～55℃。

❷ 将黑巧克力倒在铺有保鲜膜的大理石台面上，利用一字刮刀或者L型刮刀刮开再收回，重复这个过程将黑巧克力的温度降到27℃。

❸ 降到27℃后，再把黑巧克力收到碗中，利用热风枪加热到31℃。

• 大理石台冷却法的优点：

- 像本书中介绍的，利用少量巧克力做装饰时，可用这个方法调温，很少的巧克力也能进行调温，而且操作中铺了保鲜膜，方便清理。
- 即使是大量制作，大理石面也能轻松降温。

• 大理石台冷却法的缺点：

- 巧克力沾的到处都是，显脏。

① 将黑巧克力熔化到 50 ~ 55℃。

Tip：牛奶巧克力、白巧克力熔化到 40 ~ 45℃。

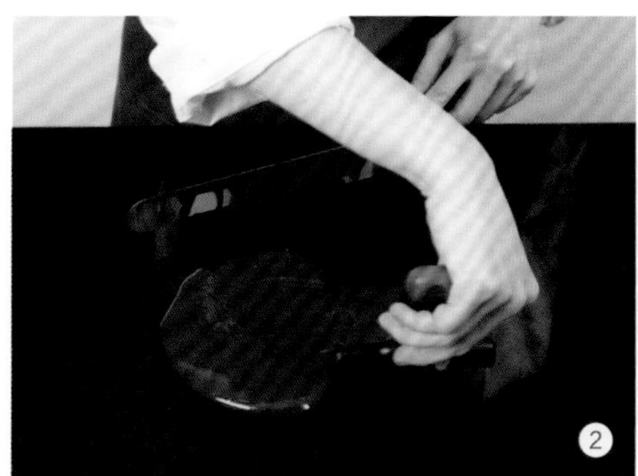

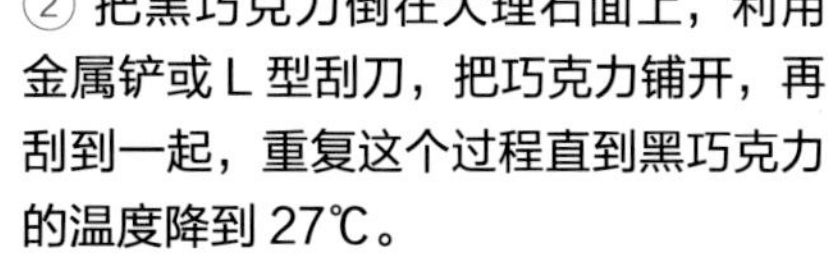

② 把黑巧克力倒在大理石面上，利用金属铲或 L 型刮刀，把巧克力铺开，再刮到一起，重复这个过程直到黑巧克力的温度降到 27℃。

Tip: 牛奶巧克力温度降到 26℃，白巧克力降到 25℃。

③ 间歇性的刮掉金属铲和刮刀上沾的巧克力。

④ 温度降到 27℃后，重新把巧克力装入碗中，利用热风枪将温度升到 31℃。

Tip: 牛奶巧克力温度升到 30℃，白巧克力温度升到 29℃。

⑤ 这是用大理石台冷却法调温完成后的样子。

◆◆◆ 接种法

使用已经结晶好的V型结晶巧克力进行调温的接种法，过程如下。

❶ 将黑巧克力熔化到50～55℃。

❷ 倒入熔化后的巧克力量的30%左右的可调温巧克力，慢慢熔化，降温到31℃。

❸ 利用碗壁研磨，使巧克力块熔化。

理解接种法时，不要认为就是用可调温巧克力降低温度，该方法是将状态为β晶体的固态巧克力放到熔化的巧克力中，最终调温到31℃，熔化过程温度不能超过34℃（β晶体的熔点为34℃）。利用接种法调温的具体步骤如下。

❶ 塑料碗中装入固态巧克力，放到微波炉中熔化，每次加热时间不要太长。

❷ 到时间后把碗拿出来，搅拌，使温度达到31℃。

Tip：巧克力的温度一定不能超过34℃，如果温度高了，要再一点点地加入可调温巧克力，以降低温度。

• 接种法的优点：

- 此方法比前两种调温方法更简便。

• 接种法的缺点：

- 要在熔化后的巧克力中加入固态巧克力，会导致最终巧克力量增加。所以制作之前要计算好一共需要多少巧克力。

① 碗里装入黑巧克力，熔化到 50 ~ 55℃。

Tip：牛奶巧克力、白巧克力熔化到 40 ~ 45℃。

② 加入熔化巧克力量30%的黑巧克力，使温度降到 31℃。

Tip：牛奶巧克力降到 30℃，白巧克力降到 29℃。

③ 利用碗壁来回研磨，熔化巧克力块。

④ 利用接种法调温成功的巧克力。

02 彩色可可脂

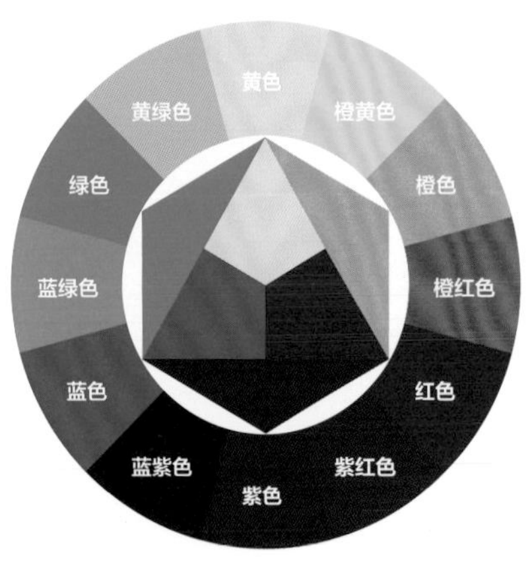

混合了色素的可可脂可用喷枪或刷子在模具上涂色，做出闪闪发亮的效果，或是喷涂做出多种质感。在巧克力上涂绘多种颜色，从而让人联想到巧克力的味道和口感；还能使制作出的巧克力的光泽或颜色更接近实物。

市面上的色素颜色很多，但只通过三原色（红、黄、蓝）就能调配出很多组合色。颜色越多明度越暗。

比例

- 使用白色色素时：
  可可脂93克+脂溶性白色色素粉（钛白粉）7克
- 使用白色以外的色素（红、黄、蓝等）时：
  可可脂95克+脂溶性色素粉（红、黄、蓝等）5克

混合技巧

❶ 混合多种不同颜色的脂溶性色素粉，调制自己喜欢的颜色。

例如　绿色 ■ =蓝色67克+黄色45克

　　　草绿色 ■ =黄色180克+白色100克+绿色15克

❷ 根据需要可在❶中混合脂溶性色素粉5克和可可脂95克。（只要比例保持不变，完全可增减用量，但这并不是绝对的比例；做出来自己想要的颜色后，记下用量，使其成为只属于自己的小配方）

例如　彩色可可脂（黄色 ■）=可可脂500克+黄色80克+白色17克

　　　彩色可可脂（粉色 ■）=可可脂138克+红色11克+白色7.5克

Tip：假如想做比粉色更浅的颜色，可在❷中加入白色色素；相反如果想做更深的颜色，可在❷中加入红色色素。

① 提前完全熔化可可脂块。

Tip：注意熔化可可脂时的温度不能超过60℃。

② 在可可脂中加入调好比例的脂溶性色素粉。

③ 利用手持搅拌器，完全搅拌均匀，不要有固态块状物质。

④ 将混合后的可可脂过筛，按照下页的方法调温。

03 彩色可可脂的调温

混合了色素的彩色可可脂，使用之前要调温。不调温直接在高温下使用或者制作过程中温度过高，做出来的巧克力表面很难有光泽；不仅色泽暗沉，而且从模具里拿出来时还容易掉渣。

保温柜的温度应维持在29～30℃，以此来保存彩色可可脂。如果没有保温柜，可以按照下面的方法在彩色可可脂凝固成固体时用微波炉加热，做完直接食用的产品也适用于下面的调温方法。

① 利用第 42 页中的方法，将混合了色素的彩色可可脂温度升到 45℃，不能有结块，需要完全熔化。

② 把彩色可可脂放到装有冷水和抹布的不锈钢盆中，利用勺子搅拌。

Tip：也可利用不锈钢盆和勺子把，将45℃的彩色可可脂进行搅拌降温。

③ 将温度降到 29 ~ 31℃。

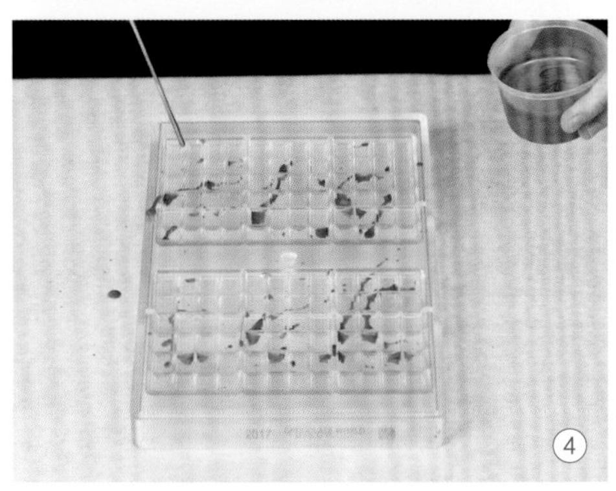

④ 温度降到 29 ~ 31℃的彩色可可脂，可以用刷子洒到模具上，或者涂绘其他图案。

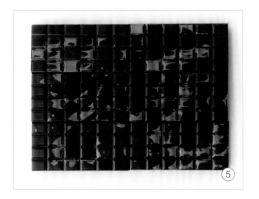

⑤ 这是用刷子把彩色可可脂洒到模具上做出来的巧克力。

04 磨光和清洗

喷涂之前一定要有擦拭模具的“磨光”步骤。擦掉残留的巧克力，然后再用酒精棉擦干。可利用热风枪、水蒸气、酒精棉进行清理。酒精棉不能在模具上留下痕迹，要用柔软的棉花，且模具上不能有棉絮妨碍喷涂。制作结束后使用温水擦拭模具，利用清洗剂或抹布擦拭除模具内侧外的所有面，风干保存。注意如果用清洗剂或抹布擦了模具内侧，可能会留下刮痕，从而大大降低巧克力的完成度。

◆ 利用热风枪的磨光方法

①利用热风枪稍稍加热模具。

②用化妆棉擦干净模具边角，沾酒精再擦一遍，风干。

◆◆ 利用水蒸气的磨光方法

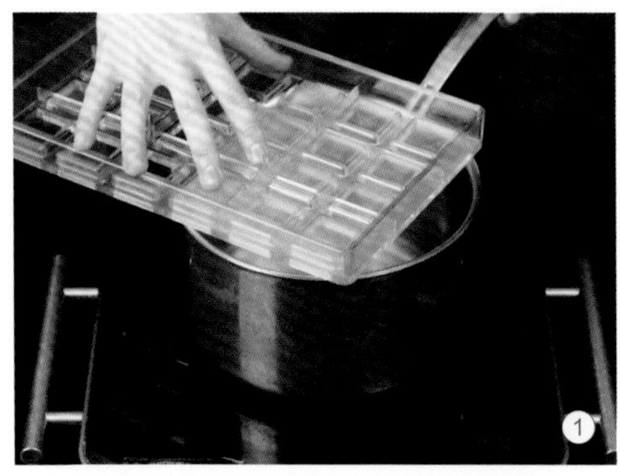

① 奶锅煮水，水蒸气飘上来后把模具放在上面，利用水蒸气加热。

② 使用化妆棉擦干边角，再沾酒精擦拭一遍，风干。

◆◆◆ 利用酒精的磨光方法

① 边角喷洒酒精。

Tip：新模具最好用酒精擦一遍消毒。

② 再用化妆棉擦拭边角，风干。

Tip：酒精可将残留的油脂擦干净。

05 上色

磨光后给模具上色的过程。用第42~45页的方法做好彩色可可脂，经过调温后，利用喷枪或刷子给模具上色。上色后的模具再装入巧克力，制作出自己喜欢的巧克力颜色或纹路。喷枪比刷子制作速度快、色彩均匀、无花斑，可大大提升作品的完成度。没有喷枪或工作间狭小，可用刷子薄薄的刷模具2~3次，以此上色。

工具和原料 喷枪和压缩机，热风枪，温度计，彩色可可脂适量

◆ 喷枪上色

缺点是需要购买喷枪和压缩机，但比用刷子做得快，喷射均匀、无花斑。

① 按照第 42 页中介绍的方法配比色素，将调温后的彩色可可脂过筛，加热后装入喷枪。

Tip: 利用热风枪加热喷枪，温度要保持在25~30℃。若喷枪温度低可可脂变硬，可能会堵住喷嘴，从而不能均匀上色。

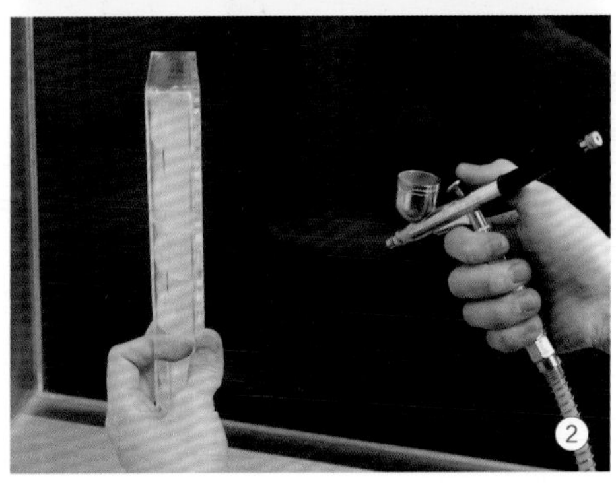

② 将要用的模具按照第 46 页的方法磨光。重点是左手要随时调整模具的角度，一个地方都不能落下。

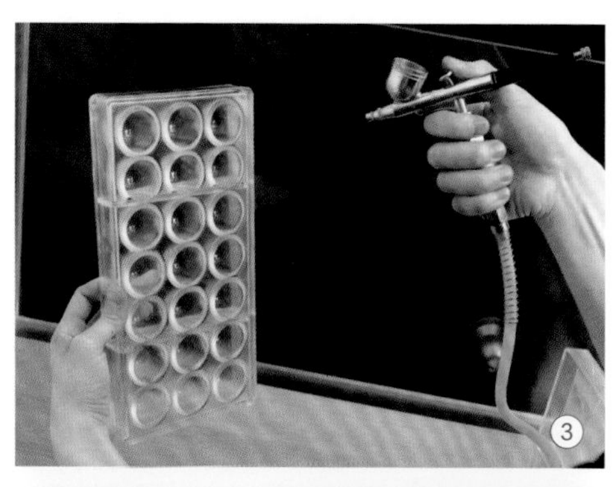

③ 右手的操作要点是喷枪和模具要保持一定的距离，不使色素产生花斑。

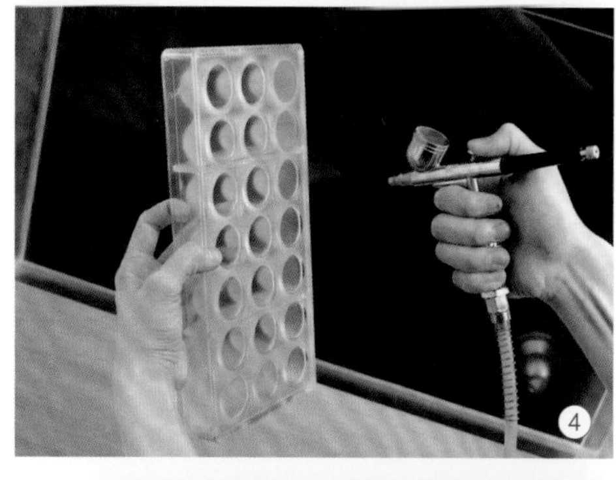

④ 喷枪和模具保持一定的距离，将彩色可可脂一行一行地喷好。

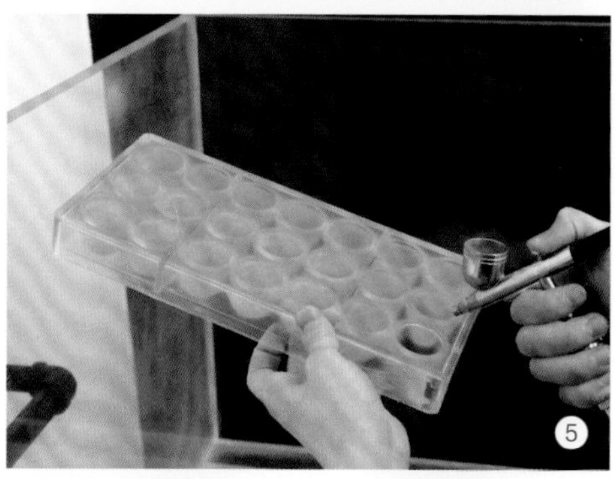

⑤ 根据模具的形状，来回旋转方向和角度，均匀上色，不足的地方再喷一遍。

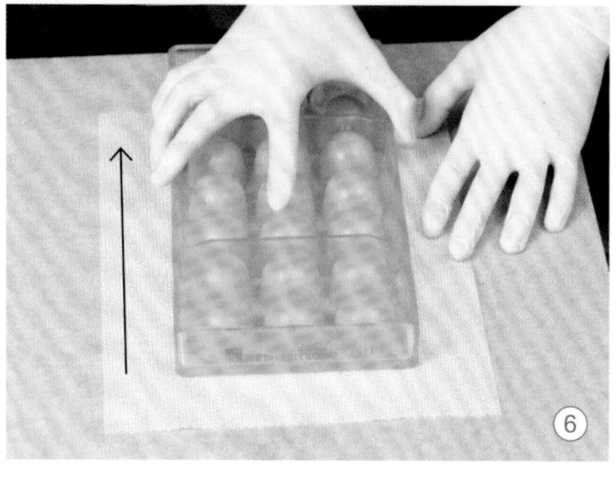

⑥ 桌面铺上厨房纸或一次性抹布，把喷好的模具倒着放上去，顺着一个方向推，抹掉多余的彩色可可脂。喷好的彩色可可脂完全干好后，再倒入调温后的巧克力。

05

◆◆ 刷子上色

用刷子上色的优点是只要有刷子就够了，但效果没有用喷枪喷涂的匀称，这也是此方法的缺点。为了尽量减少刷痕，每次涂的时候都要涂得很薄，反复1~2次，尽量不产生花斑、不留刷痕。为了给喷枪上色和刷子上色做个对比，我用的都是黄色的彩色可可脂，颜色越深刷痕越不明显，没有喷枪的朋友用刷子也完全没问题，同样能制作出高完成度的巧克力。

原料　刷子，热风枪，温度计，彩色可可脂适量

① 为了帮助大家理解刷子和喷枪上色的区别，我用了同一颜色的彩色可可脂。用刷子上色时，需要将调温后的彩色可可脂过筛后使用。

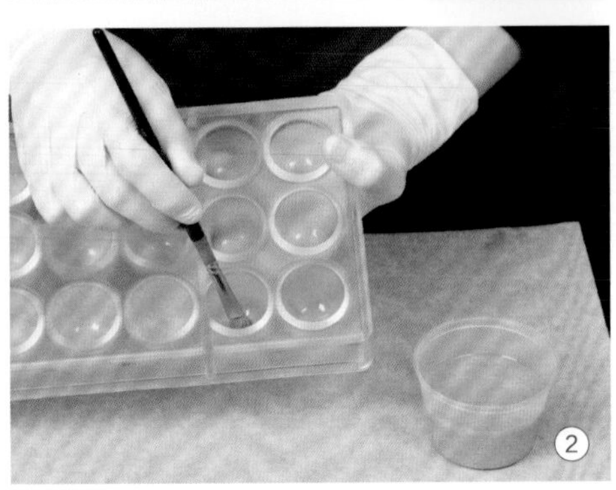

② 用刷子涂抹彩色可可脂。刚开始涂太厚容易结块，大家要薄涂。

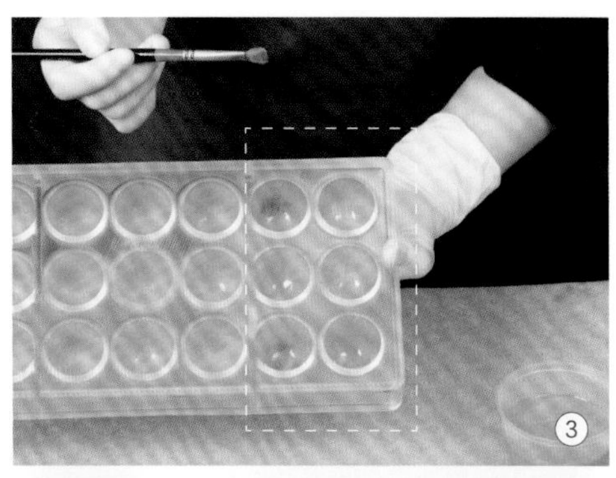

③ 彩色可可脂完全风干后再涂抹一遍，重复 1~2 次。

④ 这是用喷枪喷射和用刷子刷了两次后的样子。用刷子薄涂，尽量减少了花斑现象，从模具上观察，差别也不是很明显。

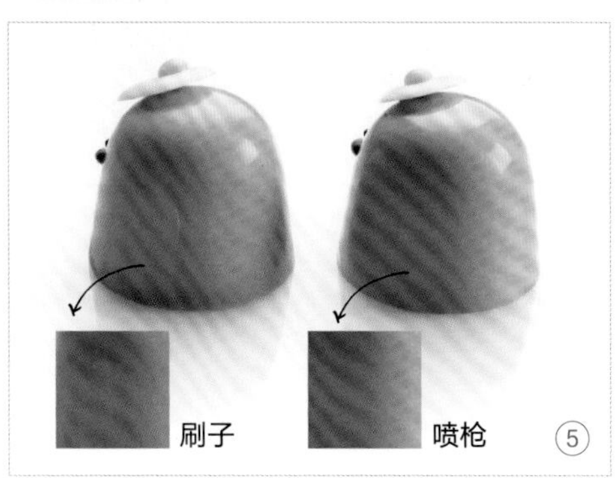

⑤ 这是彩色可可脂完全风干后，再将调温后的巧克力入模型做出来的巧克力。放大左侧用刷子做的巧克力能发现些细微的刷痕；相反用喷枪上色做出来的巧克力无花斑，非常匀称。

⑥ 用刷子上色时，颜色越浅越容易留刷痕。像本书中做的“牛油果巧克力”这样的深颜色产品，即使用刷子上色也发现不了刷痕。

06 入模及填充

巧克力模具中装入调温后的巧克力，再将模具翻过来倒出，只剩下一层薄薄的巧克力，也就是巧克力壳（硬壳），这个过程叫作“首轮入模”；在巧克力硬壳内填充甘纳许再重新盖上巧克力的过程叫作“次轮入模”。入模之前一定要做好前面讲解过的磨光和调温，再进行入模填充。

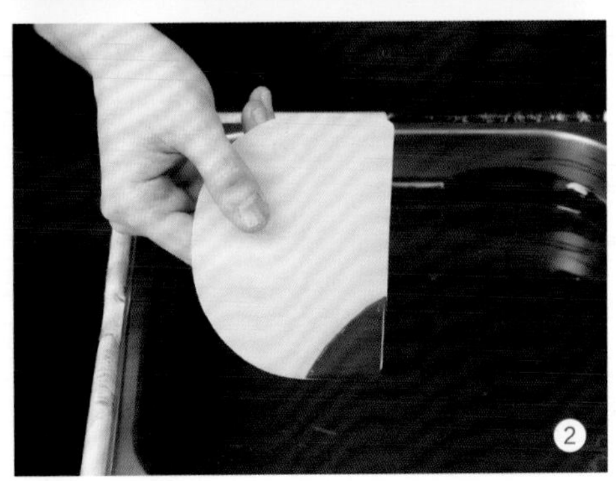

◆ 调温

① 按照第 34~41 页的方法调温，准备好巧克力。

② 用塑料刮刀稍微沾点巧克力检查状态，观察是否调温成功。

Tip：用刮刀沾巧克力，5 分钟内巧克力凝固且有光泽说明调温成功。

首轮入模

③ 按照第 46 页的方法磨光后，利用热风枪稍稍加热模具，再倒入调温好的巧克力。

Tip：入模前用热风枪加热模具，能消除气泡，做出来的硬壳还不厚。

④ 用刮刀迅速推一遍模具上方，刮掉多余的巧克力，使模具上方平整。

⑤ 将模具边缘多余的巧克力全部用刮刀刮干净。

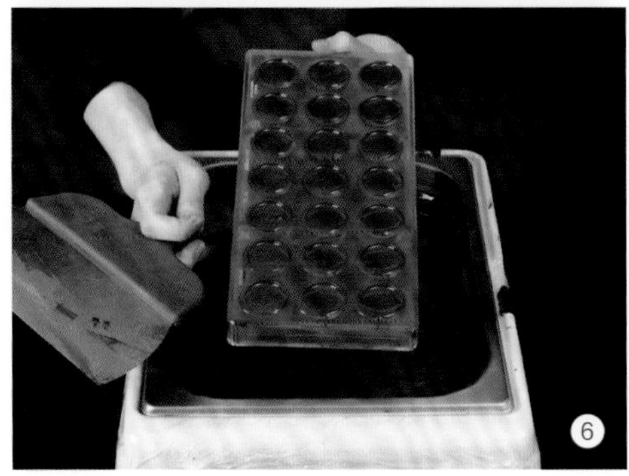

⑥ 利用刮刀的塑料面敲击模具的侧面，消除巧克力的气泡。

⑦ 把模具翻过来，倒出巧克力。这时可用刮刀的塑料面敲击模具侧面，抖下多余的巧克力。

Tip: 用刮刀敲击模具侧面是做薄巧克力硬壳的关键步骤。

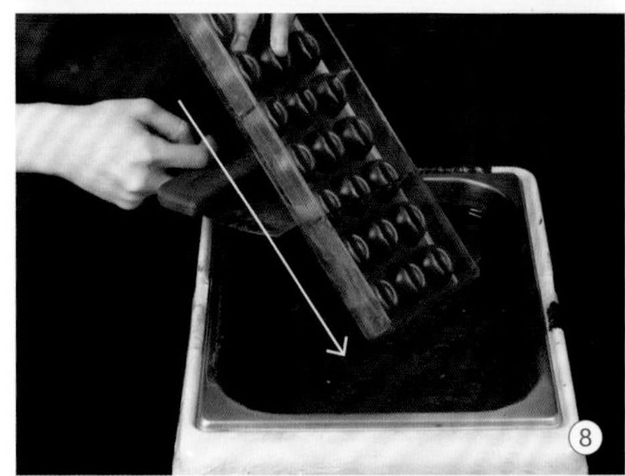

⑧ 先不要翻转模具，直接将不需要的巧克力刮掉。

⑨ 将模具周边沾着的巧克力整理干净，在烘焙纸上倒放模具，放于 18~20℃的环境下凝固定形。

Tip: 倒放模具凝固的原因是为了让巧克力均匀分散，硬壳厚度一致。

◆◆◆ 填充

⑩ 巧克力凝固后重新把模具翻过来，再装入准备好的甘纳许等填充物，填充模具体积的 90%。

Tip: 之后用巧克力盖件也叫次轮入模，如果填充模具体积的 90% 以上，次轮入模时太满则影响产品美观。

⑪ **若填充物内如有气泡，可用尖头的工具去除。**

Tip：填充后放置在温度 18~20℃，空气湿度为 55%~60% 的环境下凝固 24 小时。利用冰箱凝固的时间为 20~30 分钟（根据填充物的不同稍有差异）。

◆◆◆◆ 次轮入模

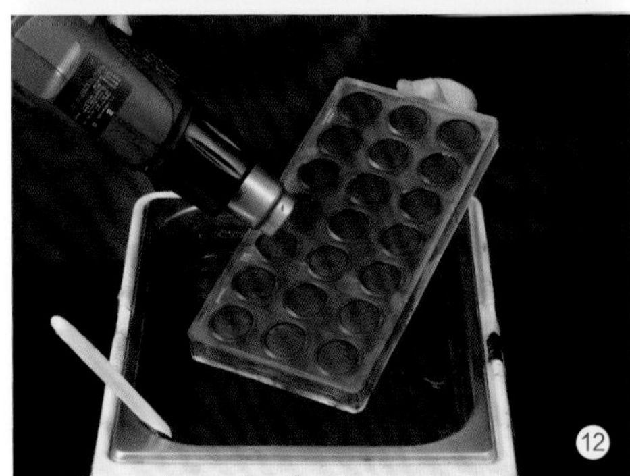

⑫ **填充物不再流淌时，可进行次轮入模。利用热风枪或吹风机加热填充物的表面，稍稍熔化表层的巧克力。**

Tip：和在坚硬的巧克力上入模相比，在熔化的巧克力上入模，巧克力间的衔接更稳固。

⑬ **将调温好的巧克力洒到模具上。**

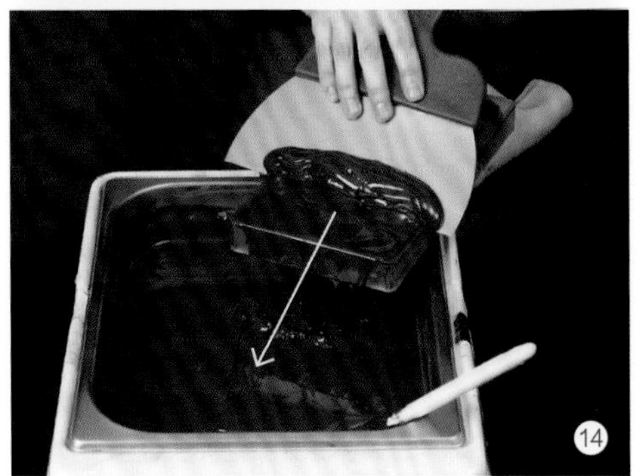

⑭ **快速用刮刀将模具上方多余的巧克力刮掉，使刚刚入模的巧克力变平整。**

⑮ **模具边缘等地方如果沾有巧克力也要用刮刀刮干净，整理好。**

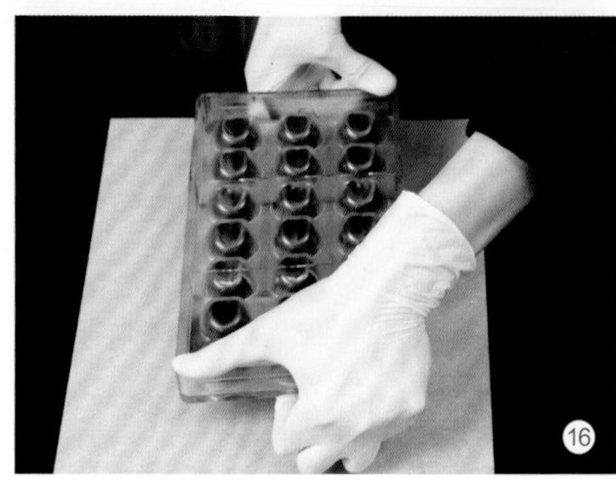

⑯ **完成的巧克力放在冰箱中凝固15~20分钟，巧克力和模具分离后翻转模具，把巧克力拿出来脱模。**

Tip: 即使所有的过程都很完美，但是只要制作的温度和保存的温度相差8℃以上，或巧克力内的填充物和巧克力壳的温度相差过大，都会降低巧克力表面的光泽，所以大家制作时要注意温度的控制。

巧克力师的笔记

甘纳许只填充
模具的90%

甘纳许填充的量

首轮入模做出巧克力硬壳后，填充甘纳许时只填充模具的90%，要给次轮入模留足空间。如果首轮入模填充了90%以上的甘纳许，次轮入模时巧克力可能完全覆盖不了甘纳许，还可能淌出来，不仅降低了巧克力的完成度，且甘纳许接触到空气，保质期也会缩短。所以填充甘纳许时只需填充模具的90%，凝固后进行次轮入模时，巧克力才能完全覆盖住甘纳许，也就能做出高完成度的巧克力；相反大家要注意，如果甘纳许填充的太少，多余的空间需要用巧克力填充，那么做出来的巧克力口感坚硬，不润滑。

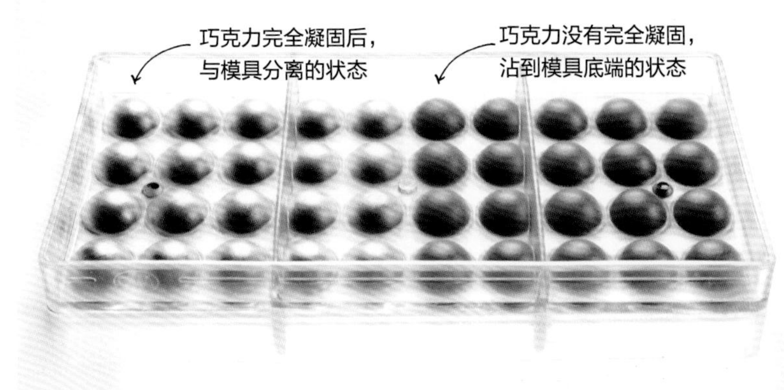
巧克力完全凝固后，
与模具分离的状态
巧克力没有完全凝固，
沾到模具底端的状态

检查巧克力是否凝固的方法

次轮入模后放到冰箱中，待巧克力完全凝固、收缩，再将巧克力拿出。室内温度、冰箱温度根据季节的变化稍有不同，如果巧克力没有完全凝固，容易在模具内部残留巧克力渣，脱模不干净，所以要检查巧克力是否达到了可脱模的状态。

和图片一样，巧克力完全凝固时体积收缩变小，和模具完全分离；相反巧克力没有完全凝固时，巧克力和模具底部粘连，看不到缝隙。

07 用于装饰的塑形巧克力

本书中“橡果巧克力”的橡果尾巴，“钉子巧克力”里的钉子都是用塑形巧克力做的装饰品。巧克力中加入葡萄糖做出来的塑形巧克力，用保鲜袋分装，隔绝空气，常温可保存6个月，需要时少量取出，用手捏出喜欢的样子。

也可将固态巧克力用搅拌器研磨，虽然这比加了葡萄糖的塑形巧克力硬实，但太容易凝固，还易熔化，不好定形。相反的，加了葡萄糖的塑形巧克力受到葡萄糖的热量和水分的影响变得柔软，这种巧克力虽然不能支撑过重的东西，但经常用来做造型原料，塑造体积小的装饰品。

◆ 利用葡萄糖制作

原料　黑巧克力200克，葡萄糖（液体）100克

① 提前准备好在40℃以下熔化的黑巧克力和葡萄糖。

② 将黑巧克力和葡萄糖混合。

③ 装进保鲜袋中，展开压平，方便少量取用。

④ 密封保鲜袋，常温保存。密封 24 小时后再使用。

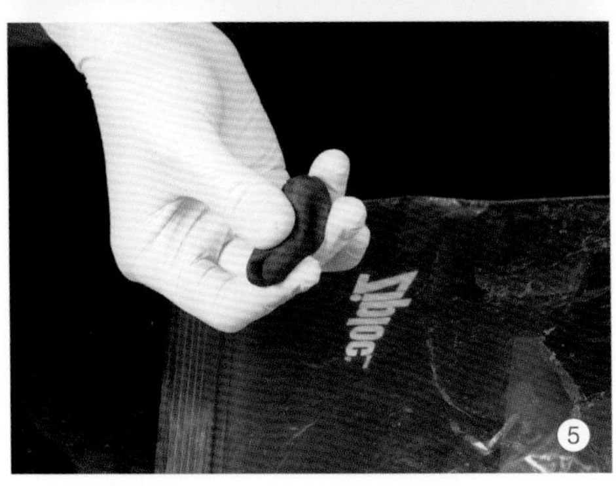

⑤ 需要时少量取出，用手来回揉搓，使其质地变软，捏成自己喜欢的样子，凝固后使用。

⑥ 捏出类似图片中“橡果巧克力”的尾巴。可做出非常丰富的巧克力装饰品。

07

◆◆ 只用黑巧克力制作

原料　黑巧克力适量

① 搅拌器中放入适量黑巧克力。

② 用搅拌器研磨。

Tip：期间随时观察研磨的巧克力状态。

③ 研磨一会儿后，巧克力开始成团，此时停止研磨。

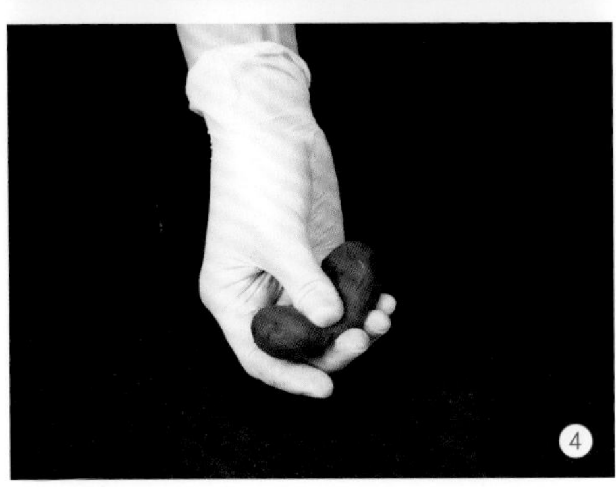

④ 用手指来回揉搓使其成一大团，做出自己喜欢的模样。

Tip: 凝固后就不好塑形了，所以每次做的时候不要做太多，只做当下需要的量即可。

08 白巧克力的色素配比和调温

在白巧克力中加入自己喜欢的彩色色素，可用来做巧克力的装饰。白巧克力中混合彩色色素的比例没有定式，大家可慢慢地加，直至出现自己喜欢的颜色。由于它的主要作用是装饰，所以色素多点也没关系。本书中主要用于做小装饰时使用，所以利用的是大理石台面铺保鲜膜的方法进行调温，具体方法如下。

◆ 色素配比

原料　白巧克力适量，脂溶性色素粉适量

① 在45℃熔化的白巧克力中，加入脂溶性色素粉。

② 用刮刀搅拌，混合。

③ 再用手持搅拌器混合好。

Tip：调温后用手持搅拌器混合容易产生气泡，所以要在调温前混合色素并用手持搅拌器混合。

④ 白巧克力和脂溶性色素粉混合后，按照下页的方法进行调温。

⑤ 想要白色时最好别直接用白巧克力，要混合白色脂溶性色素，因为白巧克力不是纯白色，而是发黄的象牙色。

08

◆◆ 调温

①按照第 62 页的方法混合后，升温到40~45℃熔化白巧克力。

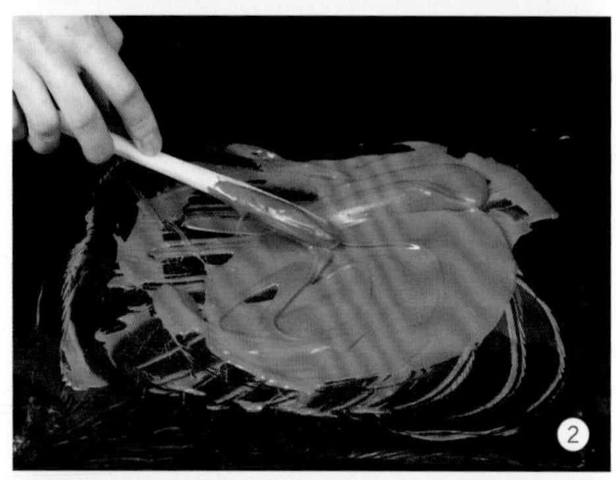

②将巧克力倒在铺了保鲜膜的大理石面上。

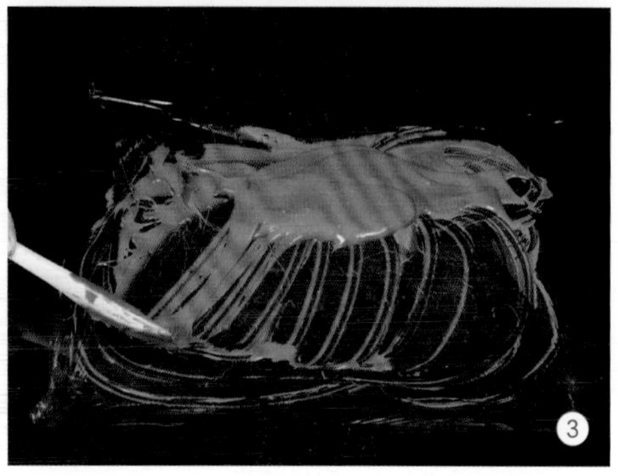

③利用小刮刀来回铺开、回拢巧克力。

④ 巧克力降温到 25℃时停止搅拌。

⑤ 将铺在大理石面上的保鲜膜卷起，将巧克力装到容器中。

⑥ 利用热风枪再次加热到 29℃，收尾调温。

⑦ 按照用途配比色素、调温后的白巧克力，做出非常丰富的装饰品。

09 卷筒的使用方法

用少量巧克力做装饰或定形巧克力装饰品时，需将巧克力装在小卷筒中。烘焙纸或透明塑料都能做卷筒，且卷筒制作简便快捷。

① 将对半剪开的烘焙纸叠成三角形，按照折叠线剪掉多余的纸。

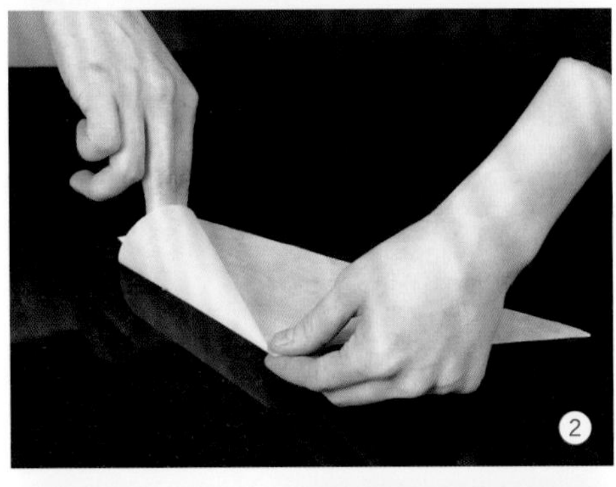

② 剪好的三角形按照锥形尖帽的样子卷起来。

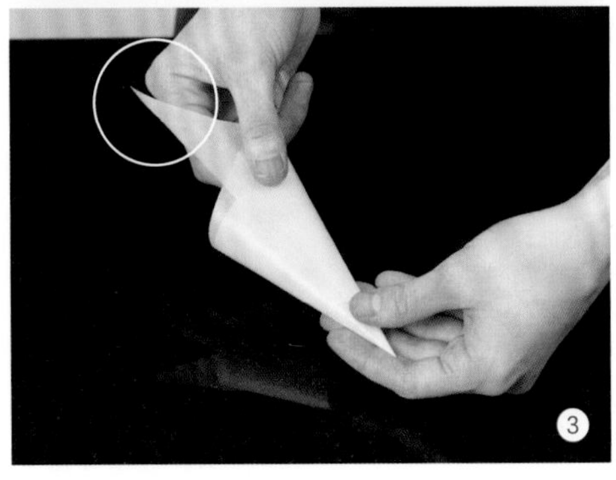

③ 全部卷好后，有一头突出来的尖端。

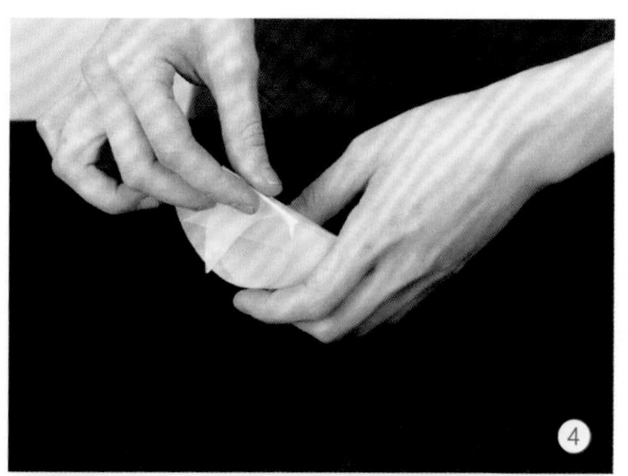

④ 再将其往里折，经过这一步才能顺利裱花；否则装巧克力时就溢出来了。

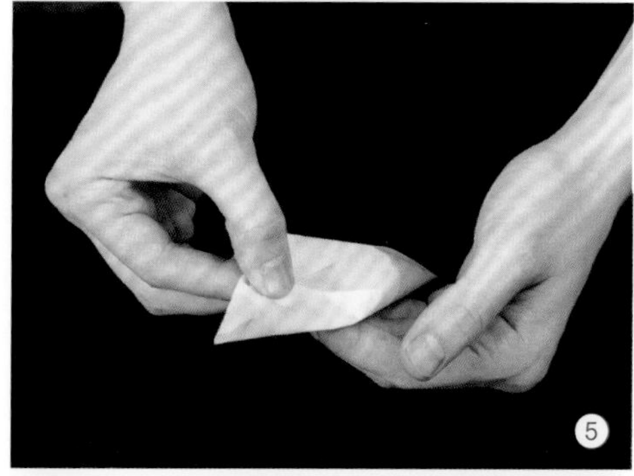

⑤ 把巧克力装到卷筒中，再将两侧的烘焙纸折到一起。

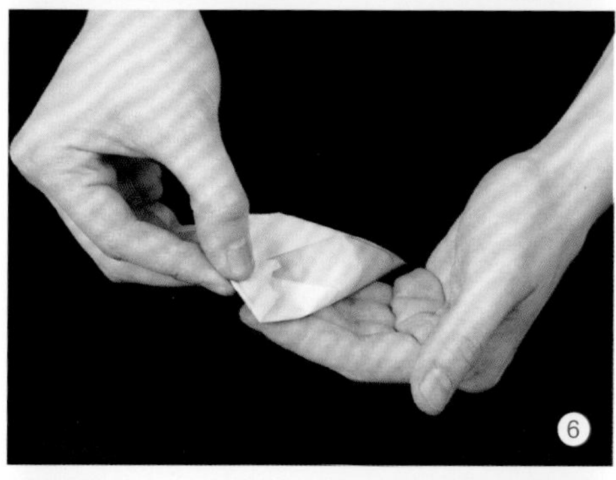

⑥ 接着把折到一起的烘焙纸往里折，别让巧克力漏出来。

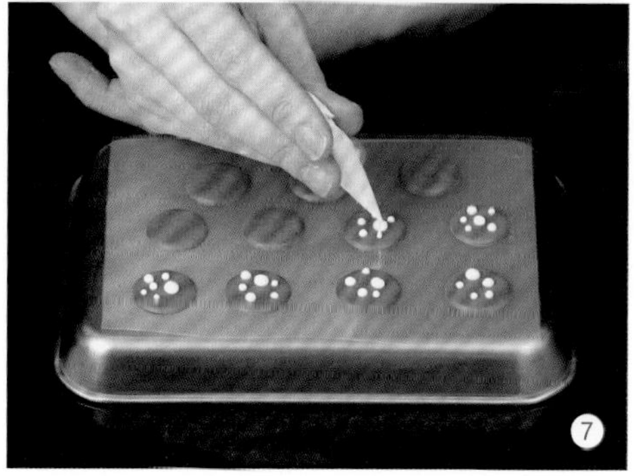

⑦ 利用卷筒做巧克力的小装饰时非常方便。

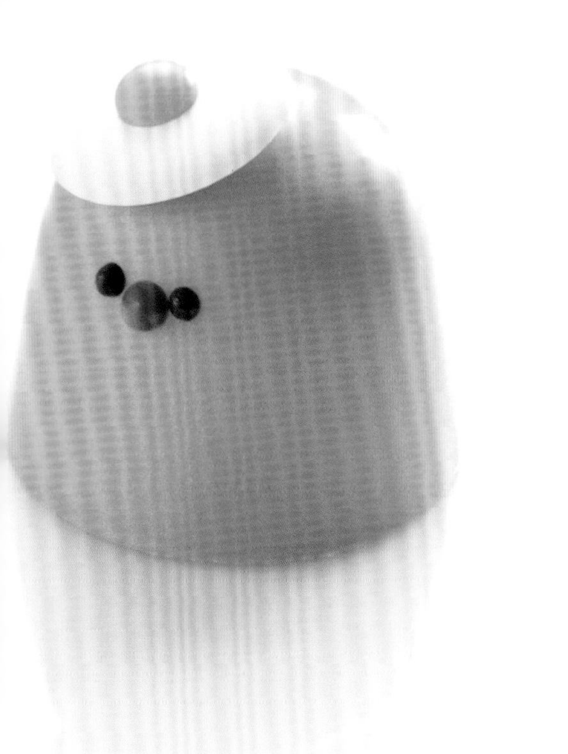

焦糖巧克力配方

公开了最近高人气的、特色十足的22款巧克力配方。不仅有可爱、小巧的焦糖巧克力设计，还有给不同巧克力搭配的多种甘纳许、焦糖、果泥、果仁糖等，以此完成多种高品质的巧克力。大家反复练习每种巧克力制作过程中的细节和技巧，最终你就会做出具有独特个人魅力的巧克力。

01 橙条巧克力

橙子清香的味道加上巧克力的甜美，附上可可碎酥脆的口感。黑巧克力包裹糖渍后的橙条，再撒点儿可可碎就能轻松完成。

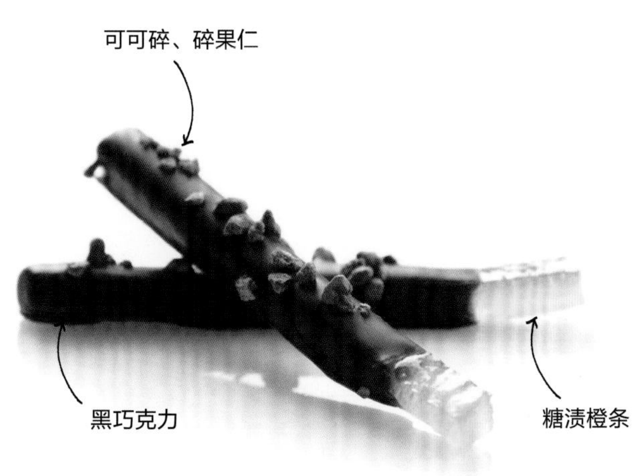

橙条巧克力

尺寸	长5厘米，宽0.5厘米，高0.5厘米
原料	橙条适量，黑巧克力适量（嘉利宝 2815 57.7%），可可碎、碎果仁适量
准备工作	• 黑巧克力调温。第34页

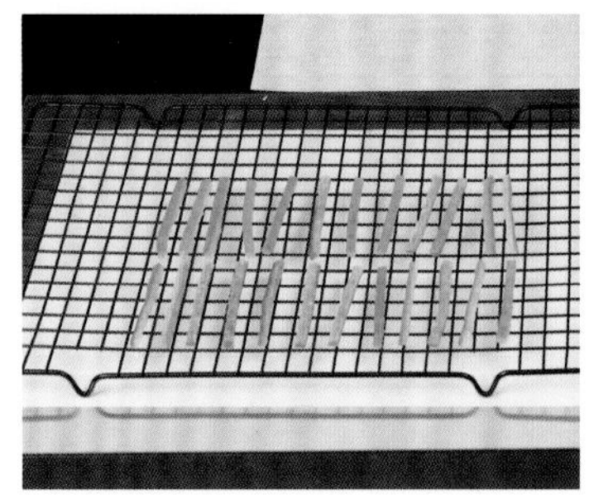

1. 将浸有果汁的橙条置于烤网上风干。

2. 把橙条放在调温后的黑巧克力中，上端只留 1 厘米左右，沾浸。

3. 之后再把沾浸了巧克力的橙条均匀摆放到烘焙纸或硅胶垫上。

4. 趁黑巧克力凝固前，撒碎果仁、可可碎，凝固巧克力。

Tip

❶ 橙皮的糖渍需要1周的时间，因橙皮的品质和加工技术的不同，其味道和价格稍有差异。也可以自己动手制作，但本书中为了使成品达到粗细、大小一致的效果，使用了市面上销售的产品。

❷ 沾浸的长度要保持一致，完成后的成品也会匀称。

❹ 这里用到的是妃亭（Felchlin）公司生产的“gana nibs qroqant”巧克力，可可含量为61.61%。

Orangette

02 巧克力块

利用牛奶巧克力、金巧克力、黑巧克力等辅助材料，按照自己的喜好制作出来的巧克力。用刷子沾取自己喜欢的彩色可可脂，挥洒到模具里就能出现超自然的纹路。

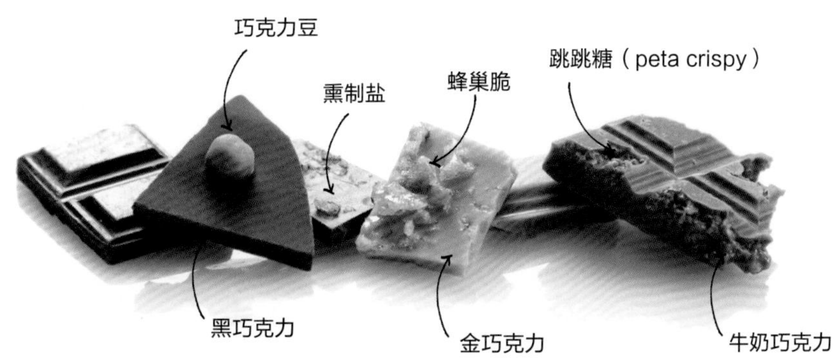

巧克力块

大小　长10厘米，宽5厘米

工具　模具（巧克力世界Chocolate World，2017），刷子

原料
- 牛奶巧克力块：牛奶巧克力适量（嘉利宝 823 33.6%），跳跳糖适量
- 金巧克力块：金巧克力适量（嘉利宝 金巧克力 30.4%），蜂巢脆适量，彩色可可脂适量（黑色）
- 黑巧克力块：黑巧克力适量（嘉利宝 2815 57.7%），彩色可可脂适量（粉色），熏制盐适量，巧克力豆适量

准备工作
- 用到的模具进行磨光。第46页
- 牛奶巧克力、金巧克力、黑巧克力全部调温。第34页
- 提前做好彩色可可脂，并调温。第42页
- 将蜂巢脆做好，剪小块。第206页

如何制作**牛奶巧克力块**

1. 模具中撒入跳跳糖。

2. 再在裱花袋中装入调温后的牛奶巧克力，挤到跳跳糖上方。

3. 震动几下，使填充的巧克力表面平整。放到冰箱里凝固 15~20 分钟，待巧克力和模具分离时将模具翻转，取出巧克力。

如何制作**金巧克力块**

4. 用刷子在模具上挥洒制备好的彩色可可脂（黑色）。

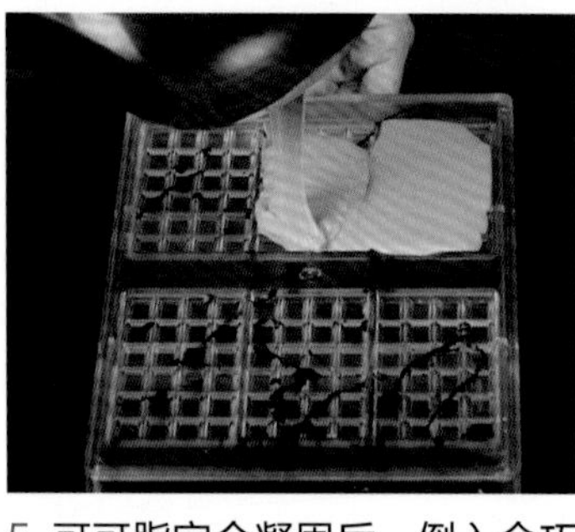

5. 可可脂完全凝固后，倒入金巧克力。

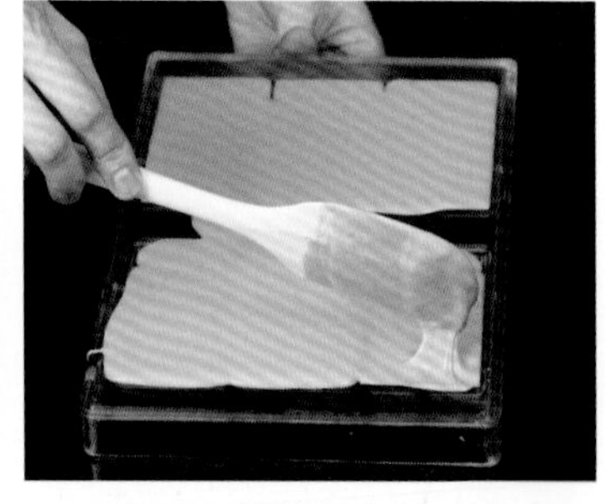

6. 利用刮刀将模具中的巧克力刮平，使巧克力填满模具，注意边角要整理干净。

Tip

❶ 跳跳糖是能够在嘴里跳动的，一种带有强烈乐趣的材料。

❷ 把巧克力装到裱花袋里入模，即使不用刮刀整理也很干净，非常方便。如果填充时弄到模具外面会导致表面不平整，所以填充时要注意模具的高度，然后再轻轻震动。

❻ 制作方块巧克力，入模时一定要仔细地将边角都均匀地填充满巧克力，只有这样脱模后才是完整的四方形。

7. 用刮刀刮一遍模具上方，使模具上面更为平整。

8. 轻轻地震动几下模具，消除气泡。

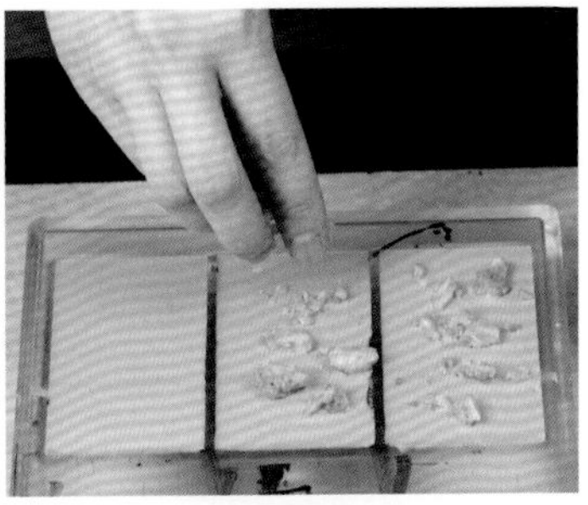

9. 巧克力凝固前撒点切小块儿的蜂巢脆，放置到冰箱内 15~20 分钟，巧克力和模具完全分离时，将巧克力从模具中脱模。

如何制作**黑巧克力块**

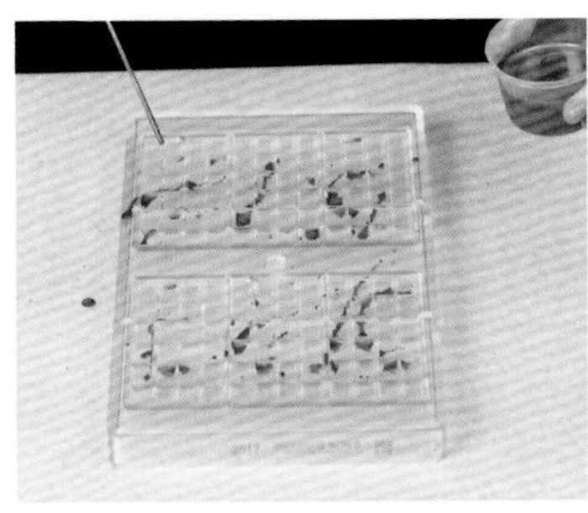

10. 利用刷子将彩色可可脂（粉色）挥洒到模具中，至完全凝固。

11. 再用调温后的黑巧克力填充模具，模具边角要均匀填满。

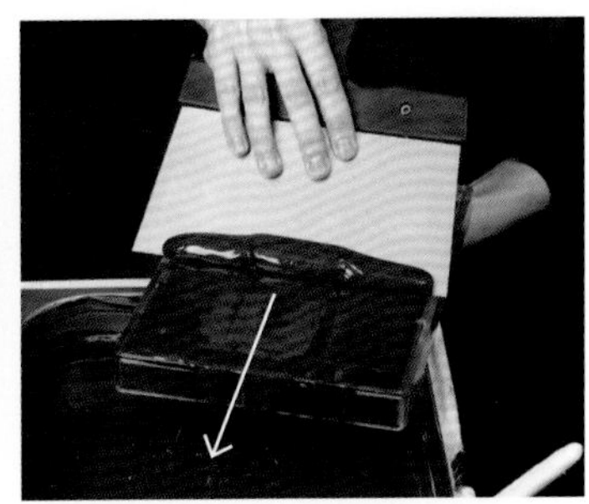

12. 用刮刀刮一遍模具上方，消除气泡，在平面上震动几下。

Tip

❾ 巧克力脱模前放到冰箱里，由于巧克力会瞬间收缩，从而起到使成品更加平滑、光泽浓厚的效果。

13. 在巧克力凝固前撒上巧克力豆。

14. 根据自己的喜好，可使用熏制盐等多种材料。撒完自己喜欢的材料后，放到冰箱里冷却15~20分钟，观察巧克力和模具完全分离后，将模具倒过去脱模。

Tip

⑭ 巧克力没有和模具完全分离时就进行脱模，会使巧克力表面不光滑、凹凸不平。

Chocolate Bar

03 橡果巧克力

这是一种栗子香味浓郁的巧克力。橡果上边的尾巴可用黑巧克力沾浸制成，橡果上还可沾点可可碎做出凹凸不平的效果，可爱小巧。

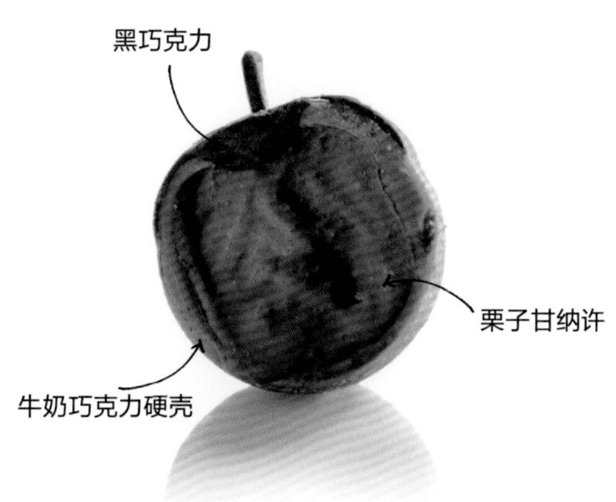

橡果巧克力

工具尺寸　直径2.5厘米，圆形

小刀，粗刷子，固定橡果的托盘

原料（约25个的量）

- 栗子甘纳许：黑巧克力（Valrhona Manjari 64%）50克，白巧克力（Valrhona Opalys 33%）40克，动物奶油60克，栗子泥35克，转化糖（Trimolin）5克
- 沾浸：黑巧克力适量
- 其他：牛奶巧克力硬壳25个，塑形巧克力适量，可可碎适量

准备工作

- 准备塑形巧克力。第58页
- 完成沾浸用的黑巧克力的调温。第34页

如何制作**栗子甘纳许**

1. 将黑巧克力、白巧克力分别放入微波炉内加热多次，每次20~30秒，期间不断查看状态，熔化70%后混合到一起。

2. 奶油加热到60℃左右，加入转化糖、栗泥，混合放到1中，用刮刀轻轻地搅拌均匀。

3. 再用手持搅拌器混合一遍。

4. 制作完成并冷却后的甘纳许装入裱花袋，备用。

如何制作**橡果的尾巴**

5. 拿出少量塑形甘纳许，用手来回揉捏使其变软。

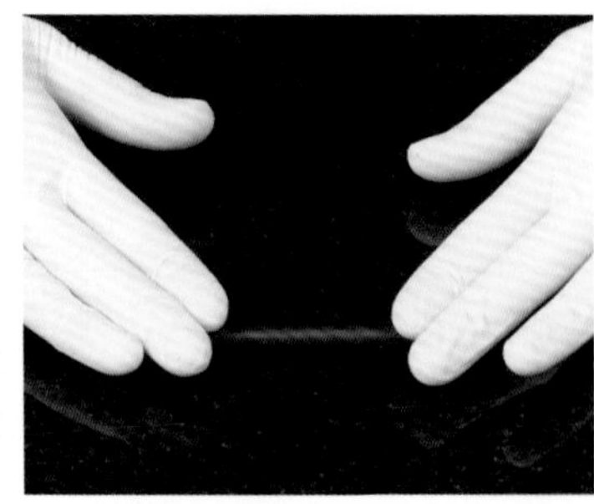

6. 搓成细长条状。

Tip

❶ 巧克力熔化70%后再混合制作，其原因是防止混合甘纳许时巧克力没完全熔化，形成结块；同时也是为了更好地混合奶油。

❺ 塑形巧克力中含有“葡萄糖”，用温热的手来回揉捏，使质地变软，可整形出自己喜欢的模样。

如何收尾

7. 橡果尾巴大小、粗细差不多搓好后，剪成 2~3 毫米的长条，放到烘焙纸上冷却，凝固。

8. 牛奶巧克力硬壳中挤入制作完成的栗子味甘纳许，填充 90%，放置一旁，直到填充物凝固。

9. 剩余的空间挤入调温后的黑巧克力，凝固。

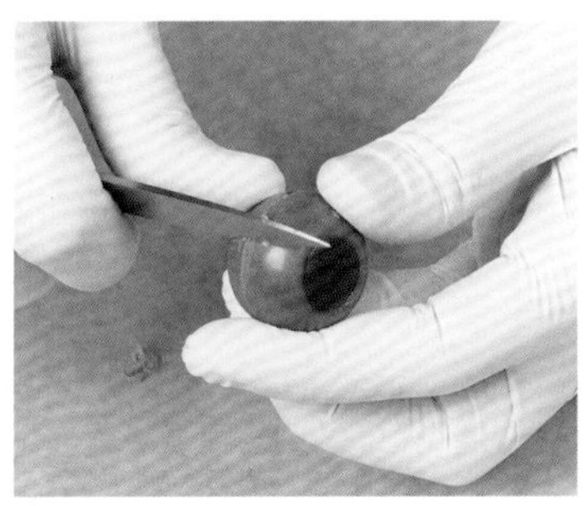

10. 巧克力硬壳中间会产生一条印痕，用小刀将这条印痕整理平滑。

11. 再用硬刷子来回蹭硬壳表面，形成橡果表面的划痕。

12. 给硬壳上面的一半沾浸调温后的黑巧克力。

Tip

❽ 往巧克力硬壳里填充甘纳许时，注意不能将硬壳的入口弄脏，只有这样下一步再盖巧克力时才能完全隔绝空气。

❾ 再次挤入巧克力时，不能让甘纳许接触空气，要完美地盖住甘纳许，这样才能延长保质期。

13. 巧克力凝固之前，粘上做好的橡果尾巴，固定好。

14. 粘尾巴前还可在硬壳上沾点儿可可碎。

15. 沾了可可碎的硬壳上方的正中央也要插上尾巴，固定好。

16. 两种模样的橡果巧克力成品。

Tip

⑬ 如果没有专用的托盘，可用装巧克力硬壳的塑料包装盒替代。用它当模具突出来的部分不会往里凹陷，不来回滚动，固定性比较好。

Acorn

04 酥饼巧克力

在巧克力酥饼和杏仁酥饼中填充焦糖和圭那亚甘纳许，再盖上黄铜印章作为装饰，增强了巧克力的高雅感。

酥饼巧克力

大小	直径4.5厘米
工具	黄铜印章，透明贴纸，切圆模具（直径约4.3厘米），硅胶垫，刷子
原料 (35~40个的量)	◦ 焦糖和圭那亚甘纳许：砂糖83克，动物奶油83克，黑巧克力（法芙娜 圭那亚70%）50克，无盐黄油5克，葡萄糖5克，盐1克 ◦ 印章装饰：黑巧克力适量 ◦ 其他：巧克力酥饼适量，杏仁酥饼适量，食用金箔适量
准备工作	• 黄铜印章放到冰箱冷冻室冷冻。 • 完成装饰用的黑巧克力的调温。第34页 • 准备巧克力酥饼、杏仁酥饼。第210页 • 黄油恢复到室温，软化。

如何制作**焦糖和圭那亚甘纳许**

1. 奶油放进微波炉内，加热到煮沸前的状态。

2. 在奶锅中加热砂糖、葡萄糖，煮成焦糖色。

3. 出现焦糖色后离火，一点点地加入 1，并用搅拌器混合。

4. 放入盐，完成焦糖制作。

5. 在完成后的焦糖里，加入黑巧克力。

6. 再用搅拌器混合一次。

Tip

❸ 加入奶油时注意别被焦糖的热度烫伤。

❺ 由于焦糖本身较热，所以加入硬的黑巧克力也没关系。

7. 甘纳许温度达到 34℃时，加入软化后的黄油，完成甘纳许的制作。

8. 完成的甘纳许需要隔绝空气，上面用保鲜膜盖住。

如何制作**印章装饰**

9. 把调温完成后的黑巧克力装入裱花袋，在透明贴纸上挤出五角星模样。

10. 将黄铜印章从冷冻室拿出，盖在黑巧克力上，黄铜印章冰冷的温度可瞬间凝固巧克力。

11. 拿走黄铜印章，凝固装饰。

如何制作**酥饼**

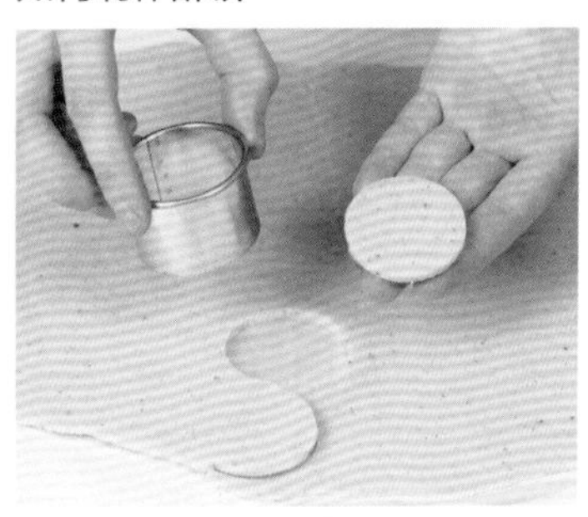
12. 拌好巧克力酥饼和杏仁酥饼原料，擀成 3 毫米的厚度，再用切圆工具切成圆形。

Tip

⑨ 将透明贴纸铺在有点湿度的平面上，固定透明贴纸，使之不来回偏移，方便制作。

⑪ 印章装饰凝固后，可用刷子蘸点金粉或金箔，更显高端大气。

⑫ 由于酥饼原料有点稀，切圆之前要放到冰箱冷冻室里冻一会儿，使其变硬，那样切出来的圆形才更完美。

如何收尾

13. 将酥饼摆在带有小孔的硅胶烘焙垫上，放入预热 150℃的烤箱内烘烤 20 分钟，冷却凝固。

14. 巧克力酥饼和杏仁酥饼一个对一个，并排摆好。

15. 酥饼上面还要贴印章装饰，在有纹路面的酥饼中间，少挤点儿巧克力。

16. 盖上印章装饰。

17. 在没有纹路的那面酥饼上挤上甘纳许。

18. 盖上印章装饰，即成。

Tip

⑬ 将酥饼原料铺在带有小气孔的硅胶烘焙垫上，烤完后酥饼的一面会印有垫子的纹路。

⑰ 酥饼带有纹路的一面朝外，这样成品更好看。

Sable

05 爱心巧克力派

棒子加上开心果及杏仁，这是一款味道浓郁的巧克力派，可用多种模具制作成自己喜欢的形状，制作方法也相对简单。

爱心巧克力派

尺寸　长2.8厘米，宽3厘米

工具　模具（Silikomart, Micro Love 5），L型刮刀

原料（25~27个的量）

- 榛子甘纳许：榛子泥98克，牛奶巧克力（嘉利宝 823 33.6%）16克，可可脂14克，杏仁16克，开心果12克，核桃8克
- 其他：可可粉适量，肉桂粉适量

准备工作

- 杏仁放在预热150℃的烤箱中烘烤5~10分钟，再放入开心果继续烘烤10分钟。

如何制作榛子甘纳许

1. 将烘烤好的杏仁、开心果和核桃一起放进搅拌机中研磨。

2. 牛奶巧克力和可可脂用微波炉加热到无结块状态，完全熔化后混合到一起。

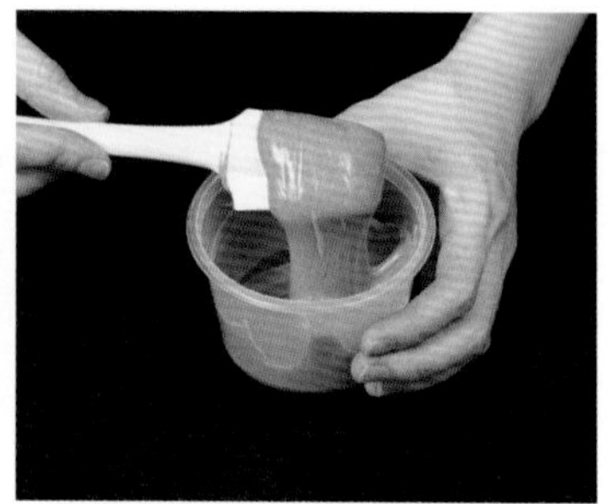

3. 榛泥用刮刀混合，稀释。

4. 混合 2 和 3。

5. 放入 1，再次混合。

如何入模

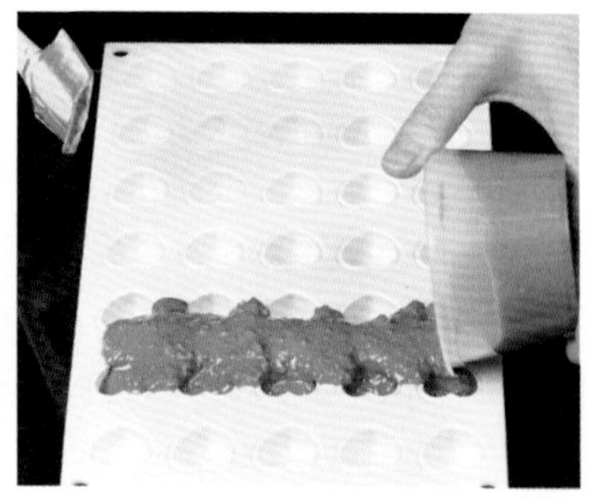

6. 倒在爱心形状的硅胶模具里。

Tip

③ 榛子泥也需要调温，没有经过适当调温的榛子泥做出来的甘纳许可能凝固的不结实。如果榛子泥中水油层分离，可将温度升高到40℃，然后用手持搅拌器轻轻搅拌，利用大理石面调温，最终使温度降低到27℃后再使用。

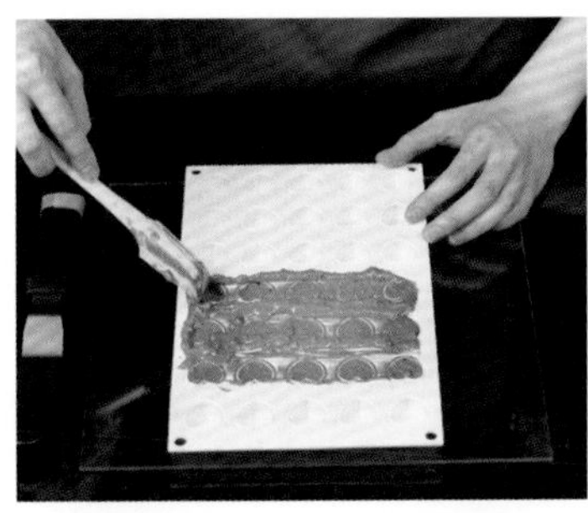

7. 使填充物均匀地填满模具，用刮刀整理好。

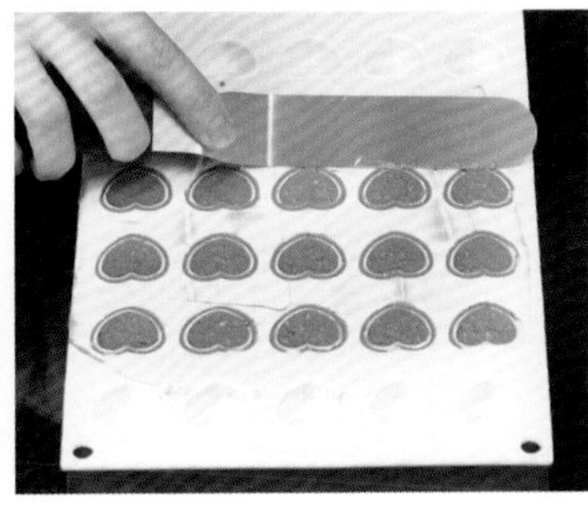

8. 再用 L 型的刮刀刮掉多余的填充物。

9. 轻轻地在平面上震几下硅胶模具，消除气泡；再放到冰箱里冷却 20~30 分钟，直到甘纳许完全凝固。

如何收尾

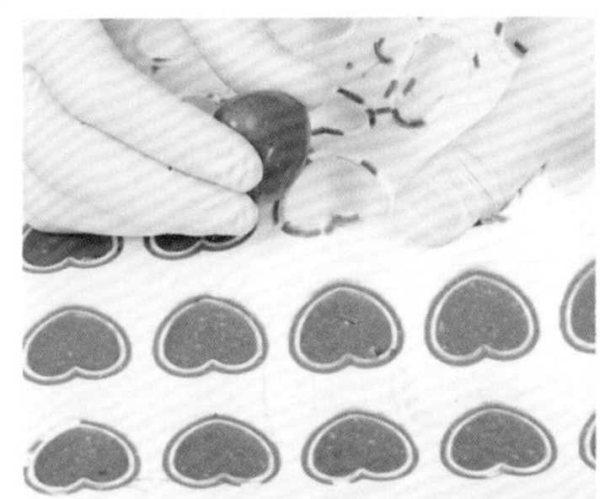

10. 填充物完全凝固后，将甘纳许从模具中脱模。

11. 将可可粉和肉桂粉混合，均匀的裹住甘纳许。

Tip

⑪ 可可粉和肉桂粉的量和比例，可根据个人喜好调整。

06 旋风棒棒巧克力

多种颜色构成的旋风形状的浸染巧克力。本款产品不是用架子架着正向凝固的，而是倒置凝固的，小尖端算是它的一大特点。

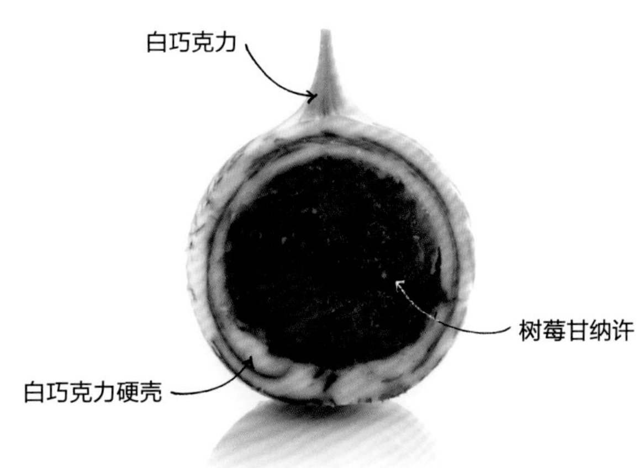

旋风棒棒巧克力

尺寸	直径 3厘米，圆形
工具	小刀，纸棒，纸棒置物架（多孔托盘，夹子）
原料 (约25个的量)	◦ 树莓甘纳许：黑巧克力（法芙娜 圭那亚 70%）58克，树莓果酱54克，转化糖7克，无盐黄油8克 ◦ 沾浸：白巧克力适量，脂溶性色素粉适量（3种） ◦ 其他：白巧克力硬壳25个
准备工作	• 完成沾浸用的白巧克力的调温。第34页 • 将要使用的色素和白巧克力分别混合，再分别调温。第62页 • 黄油放于室温软化。

如何制作**树莓甘纳许**

1. 奶锅中加入树莓果酱和转化糖，煮开后马上离火。黑巧克力放进微波炉内熔化 70%。

2. 将 1 中的混合物用刮刀混合均匀。

3. 温度降到 36℃时，加入软化好的黄油，再用手持搅拌器混合，完成甘纳许的制作。

如何**填充**

4. 树莓甘纳许温度降到 34℃以下后，挤到白巧克力硬壳内，填充 80%，冷却凝固。

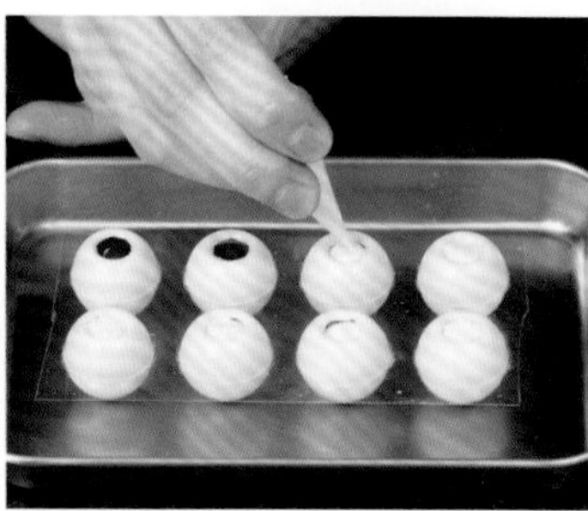

5. 再用调温完成的白巧克力盖到上面，再次入模。

6. 纸棒从硬壳正中间插入到底部，至完全凝固，纸棒不再移动。

Tip

❶ 巧克力在微波炉中熔化70%，利用余热将剩下的巧克力完全熔化掉。如果用微波炉过度加热，巧克力温度过高，会影响效果。

❻ 往巧克力硬壳内插纸棒时，为了让巧克力和巧克力之间的粒子互锁，插的时候最好旋转插入，别留空隙。

如何沾浸

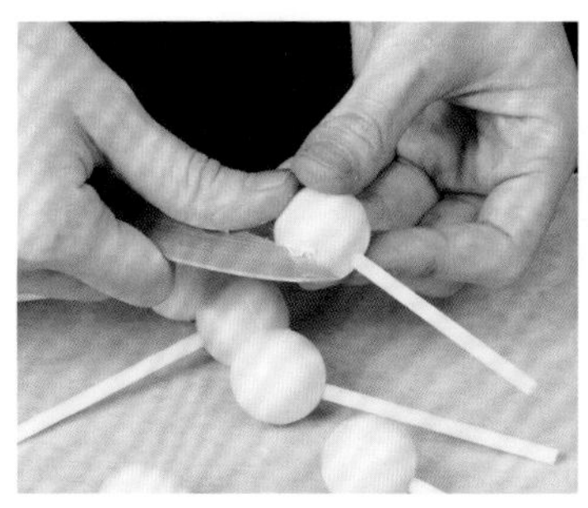

7. 巧克力中间会产生一条线，用小刀将线整理平滑，处理干净。

8. 在调温后的白巧克力上，挤入混合了色素的白巧克力，挤成条纹模样。

9. 需要 3 种色素，才能做出花样漂亮的旋风巧克力。

10. 将棒棒巧克力竖直插进条纹部分。

11. 顺着一个方向慢慢旋转，印上旋风似得花纹。

如何收尾

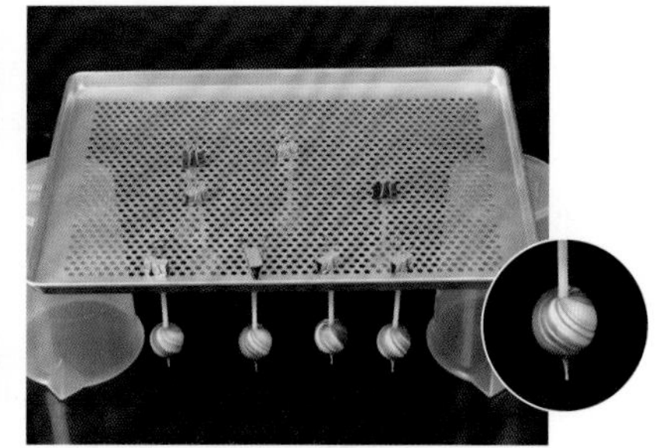

12. 把旋风巧克力拿出，固定不动；直接倒挂在多孔托盘上，上面用夹子固定，直到巧克力完全凝固。

Tip

⑪ 等混合了色素的白巧克力稍微凝固后，就能轻松地和白巧克力分离。

07 椰汁球巧克力

做成椰子形状的巧克力球。用粗刷子刷巧克力球表面，用来表现粗糙的椰子皮，用白巧克力硬壳和白椰蓉甘纳许做出椰肉质感的馅料。

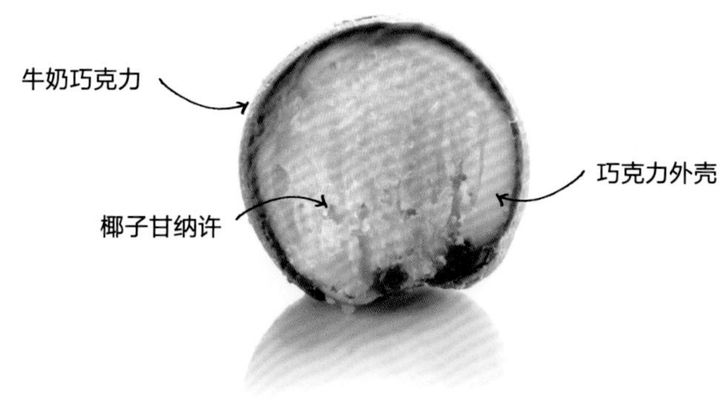

椰汁球巧克力

尺寸	直径3厘米，圆形
工具	小刀，硬刷子，筷子，热风枪，纸棒，纸棒置物架
原料 （约15个的量）	◦ 椰子甘纳许：白巧克力（法芙娜 白巧克力 35%），椰子泥糊25克，椰粉7克，椰子甜酒（朗姆酒）2克，转化糖2克 ◦ 沾浸：牛奶巧克力适量 ◦ 其他：白巧克力硬壳15个
准备工作	完成沾浸用的牛奶巧克力的调温。第34页

如何制作椰子甘纳许

1. 奶锅中加入转化糖、椰子泥糊，煮沸马上离火。白巧克力放到微波炉内熔化 70%。

2. 利用刮刀搅拌均匀 1 的原料。

3. 放入椰粉、椰子甜酒，用手持搅拌器混合均匀，完成椰子甘纳许的制作，冷却到 34℃以下。

如何填充

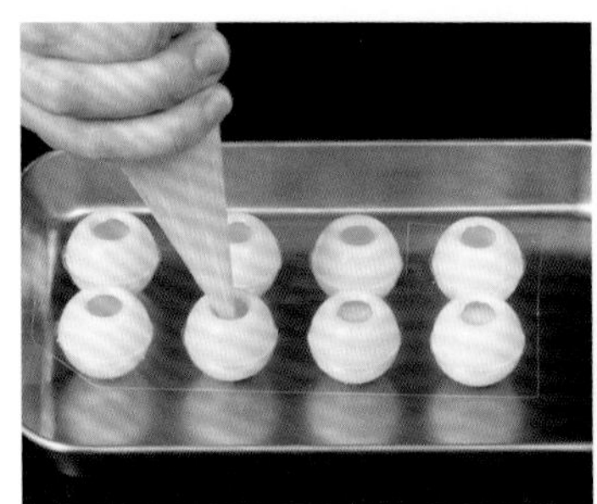

4. 冷却的椰子甘纳许挤到白色巧克力硬壳内，填充 80%，凝固。

5. 再将调温好的牛奶巧克力，挤在入口处，盖住白巧克力硬壳。

6. 从硬壳正中间把纸棒插到底部，凝固至纸棒不再移动。

Tip

④ 巧克力硬壳的填充物只能填充80%，这样插入纸棒后，甘纳许才不会往外流。如果填充过多，甘纳许容易流出，而且硬壳也可能不是完美的球体，会降低产品的完成度。

如何沾浸

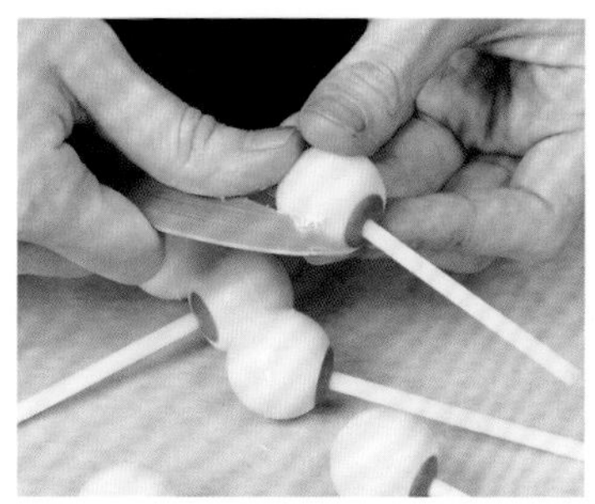

7. 巧克力中间会产生一条线，用小刀刮掉，整理平滑。

8. 用手拿住纸棒，将巧克力球放在调温后的牛奶巧克力中，全部浸染。

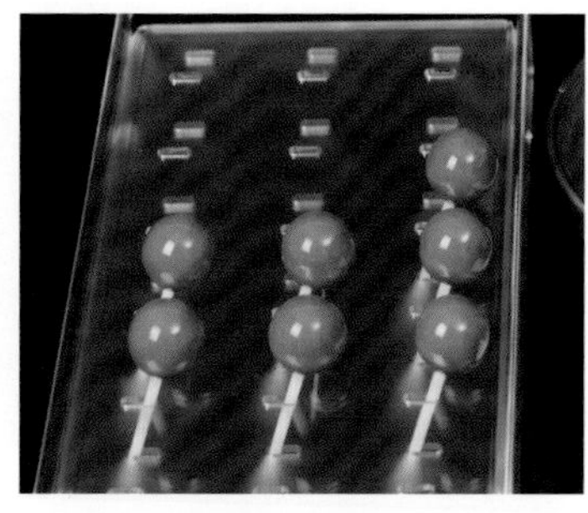

9. 再将沾浸后的巧克力棒夹在固定托盘上，凝固巧克力。

如何收尾

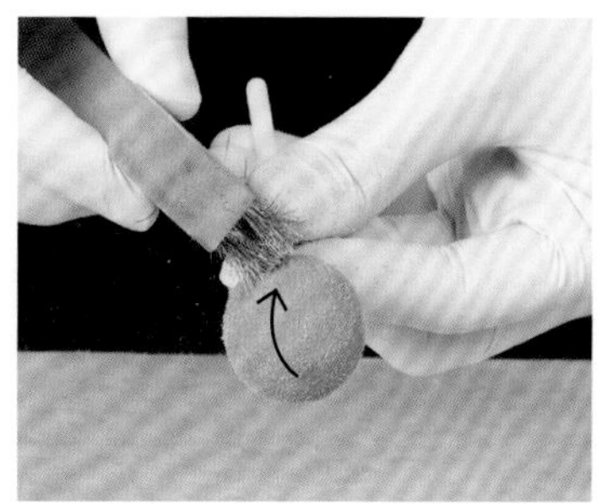

10. 沾浸的巧克力完全凝固后，用粗刷子按照箭头方向刷表面，以此表现椰子粗糙的表皮。

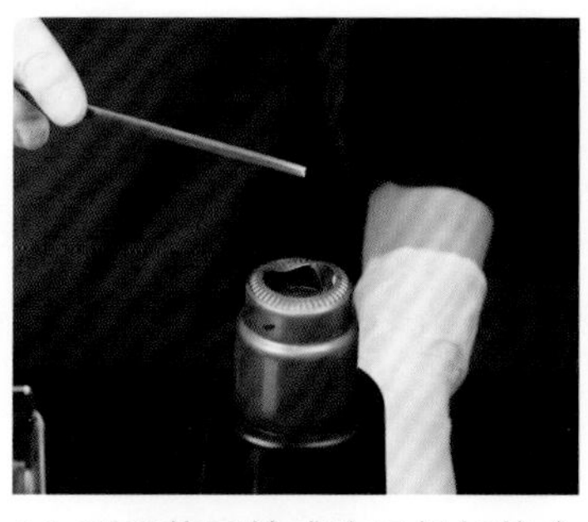

11. 利用热风枪或吹风机加热金属筷子的一头。

12. 最后用加热后的筷子在巧克力硬壳上扎 3 个洞。

Tip

⑩ 用刷子刷巧克力表面时，注意巧克力纸棒不能脱落，要按照图片中箭头的方向刷。

⑫ 使用筷子扎孔时，要注意只扎到表面的牛奶巧克力；如果扎漏了牛奶巧克力里面的白巧克力硬壳，硬壳里面的甘纳许会流到外面，接触空气，保质期会变短，大大降低了产品的完成度。

08 蘑菇巧克力棒

蘑菇状的巧克力棒，红帽子点缀了白点儿，给人搞怪小精灵的视觉感受，并加了牛奶巧克力硬壳的伴侣——焦糖盐，一口咬下去，嘴里散开盐分的咸味，同时伴有焦糖的甜味，是一款非常有魅力的巧克力。

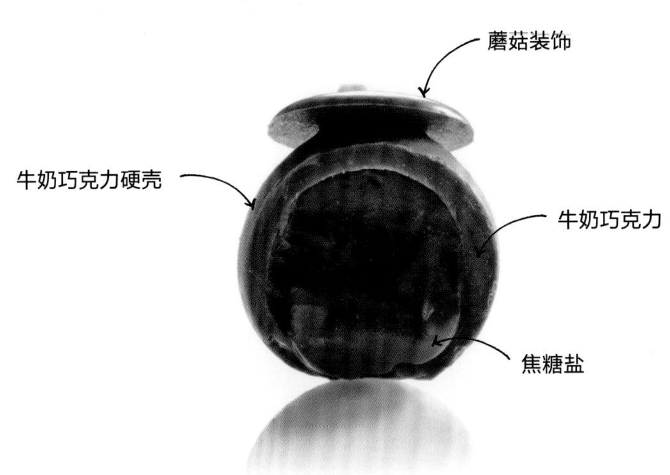

蘑菇巧克力棒

尺寸	直径3厘米，圆形
工具	透明贴纸，小刀，纸棒，纸棒置物架
原料 （约25个的量）	◦ 焦糖盐：砂糖90克，动物奶油45克，无盐黄油15克，水12克，盐1.5克 ◦ 蘑菇头装饰：白巧克力适量，脂溶性色素粉适量（白色、红色） ◦ 沾浸：牛奶巧克力适量 ◦ 其他：牛奶巧克力硬壳25个
准备工作	• 将要用的色素分别和白色巧克力混合后，进行调温。第62页 • 沾浸用的牛奶巧克力也要完成调温。第34页

如何制作**焦糖盐**

1. 厚锅内放入水、砂糖，煮到呈浅驼色后离火。

2. 煮 1 的同时煮奶油。煮开后马上离火。

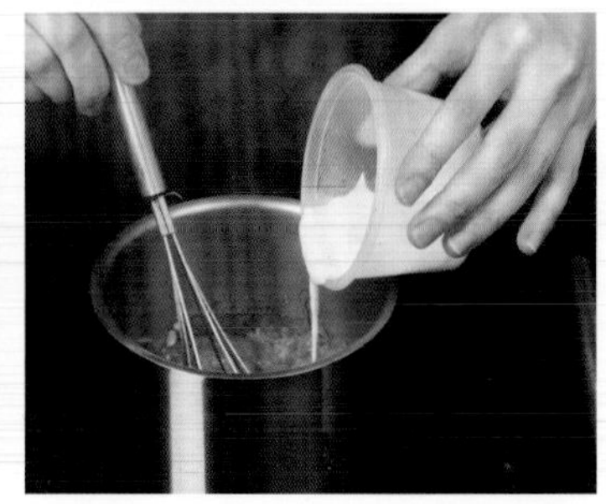

3. 在 1 中加入 2，利用打蛋器快速搅拌。

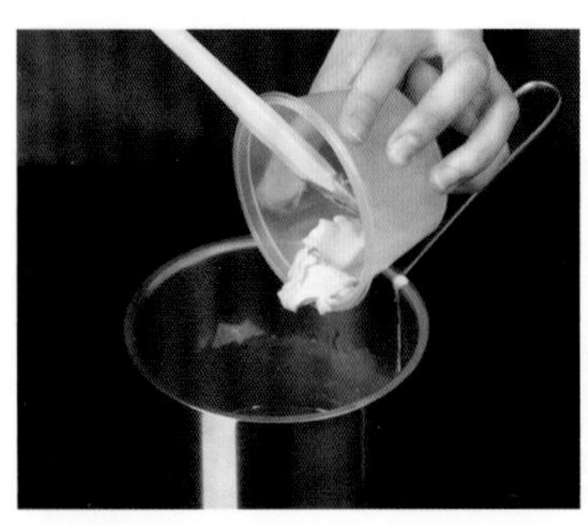

4. 再加入黄油和盐，混合均匀，重新放到明火上煮到 120℃。

5. 将加热到 120℃的焦糖离火，冷却到 30℃。

如何制作**蘑菇头装饰**

6. 透明贴纸铺在托盘上，挤压装有混合了红色色素的白巧克力裱花袋，挤出直径为 1.5 厘米的圆形。

Tip

❶ 制作焦糖时不要利用火苗的大小来调节温度，推荐利用拉远或拉近锅和火的距离来调整温度，这也是焦糖不糊掉的重点。焦糖的温度非常高，制作时小心别被烫到。

❹ 焦糖里放多少盐可根据个人喜好而定，但吃焦糖时如果味道太咸会让人觉得口味奇怪。

如何填充

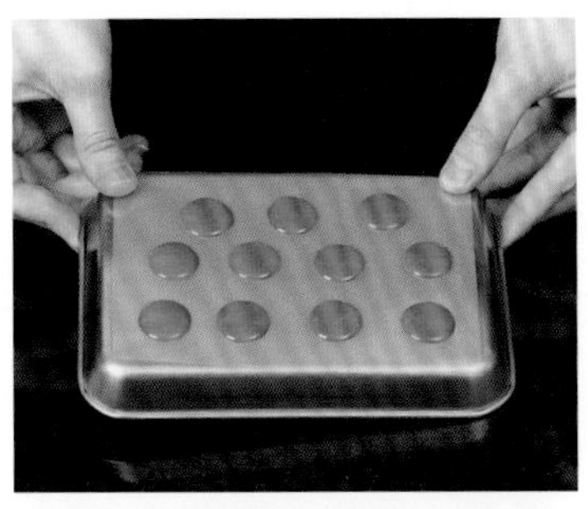

7. 巧克力凝固前将托盘在平面上震动几下，使刚才的圆形变扁平，成为直径为 2 厘米的圆形，冷却。

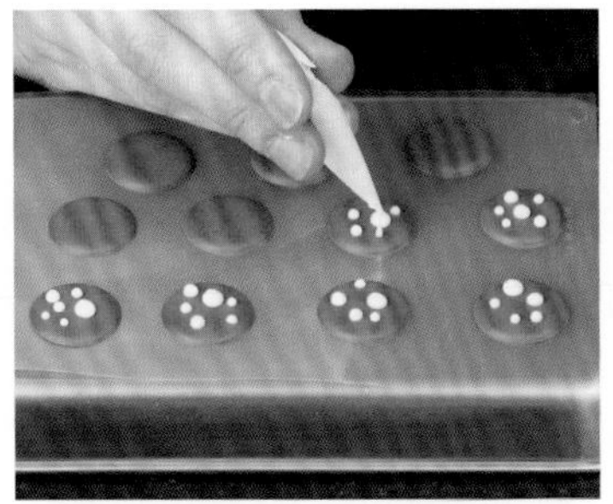

8. 上面点缀大小不一的加了白色色素的白巧克力。可在不平滑或是有裂纹的地方点圆点，遮住不完美，提升完成度。

9. 牛奶巧克力硬壳内填充冷却的焦糖盐，挤到八分满。

10. 用牛奶巧克力盖住封口，不让焦糖盐裸露在空气中。

11. 从硬壳正中间插入纸棒直到底部，凝固至纸棒不再移动。

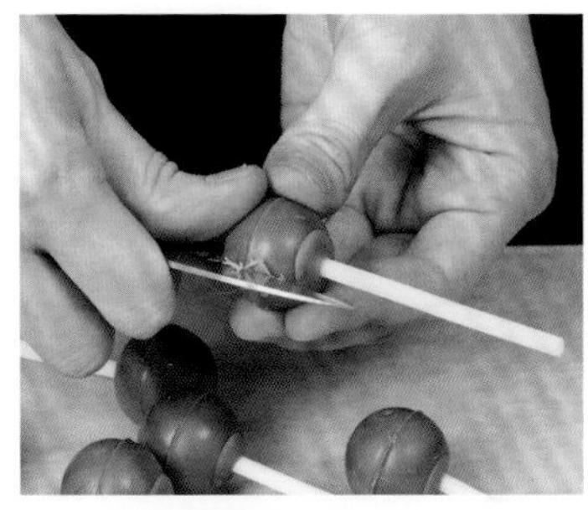

12. 巧克力中间会产生一条线，利用小刀整理平滑。

Tip

⑩ 用牛奶巧克力盖住巧克力硬壳上端入口时，重要的是不能让焦糖接触到空气。焦糖哪怕是露出来一点，都会降低产品的完成度，而且插入纸棒时纸棒和硬壳还会分离。

⑪ 插入纸棒时，纸棒的方向不能偏，要从正中间竖直往下插，并保持这个状态使其凝固。

如何**沾浸**

13. 用手拿着纸棒把它放在调温后的牛奶巧克力中，全部浸染。

14. 然后把沾浸后的巧克力棒架在置物架上。

如何**收尾**

15. 巧克力凝固前盖上蘑菇装饰，固定好。

16. 待做好的蘑菇巧克力棒充分凝固。

Tip

⑬ 沾浸巧克力棒时，重点是重复“沾浸一半再拿出来”的过程，此操作能防止气泡的产生，还能均匀一致地裹住巧克力。

⑭ 如果没有专门的置物架，可利用泡沫板，将巧克力棒插在上面即可。

Lollipop

09 核桃巧克力

将榛子酥饼做成逼真的核桃状，给人真实核桃的视觉感受。酥饼的酥脆及核桃的醇香再加上核桃甘纳许的滑口，这是一款非常受欢迎的巧克力。

核桃巧克力

尺寸	直径3.5厘米
工具	半圆硅胶模具（直径2.8毫米），切圆工具（直径约3.6厘米），小镊子，牙签，食用金箔，刷子
原料 （约20个的量）	。核桃甘纳许：黑巧克力（嘉利宝 2815 57.7%）50克，牛奶巧克力（嘉利宝 823 33.6%）50克，动物奶油27克，百加得3克，核桃仁4克 。碎核桃仁：核桃20颗，金巧克力适量（法芙娜 度思 32%） 。其他：榛子酥饼适量，食用金箔适量
准备工作	• 调温好金巧克力（和白巧克力的温度一致）。第34页 • 榛子酥饼原料准备好。第210页 • 核桃放在预热150℃的烤箱内烘烤15~20分钟。

如何制作**榛子酥饼**

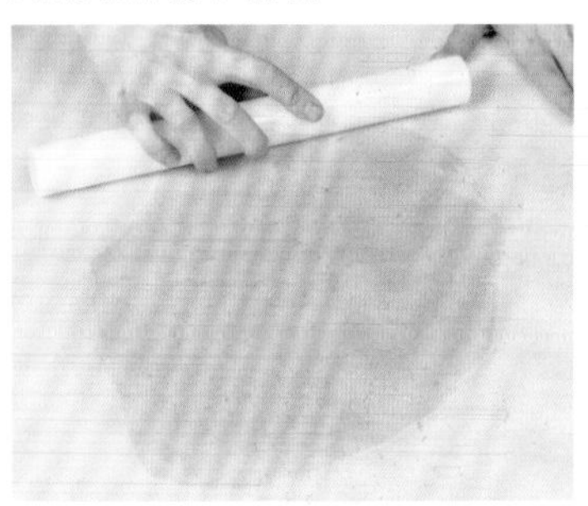

1. 将榛子原料擀成 3 毫米的薄片，放入冷冻室冻硬。

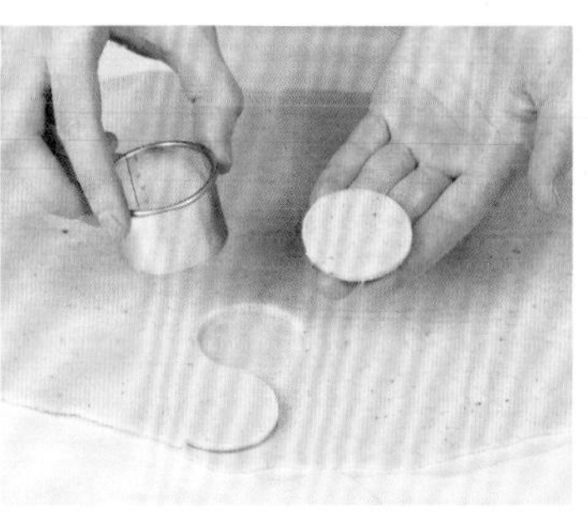

2. 再把变硬的原料用切圆工具切成圆形。

3. 把酥饼原料盖在倒扣的半圆硅胶模具上，整理好形状。

4. 不要留空隙，完美的盖住硅胶模具，仿照核桃的样子将两端捏出尖角。

5. 再用尖头工具制作出核桃表面凹凸不平的褶皱。

6. 放入预热 150℃的烤箱，烘烤时间为 15~20 分钟，直到呈现金棕色为止，之后冷却。

Tip

① 由于酥饼原料本身比较稀，不易成形，切圆之前要放入冷冻室冻一会儿，原料变硬后才能方便裁切，也更干净利索。

核桃的沾浸

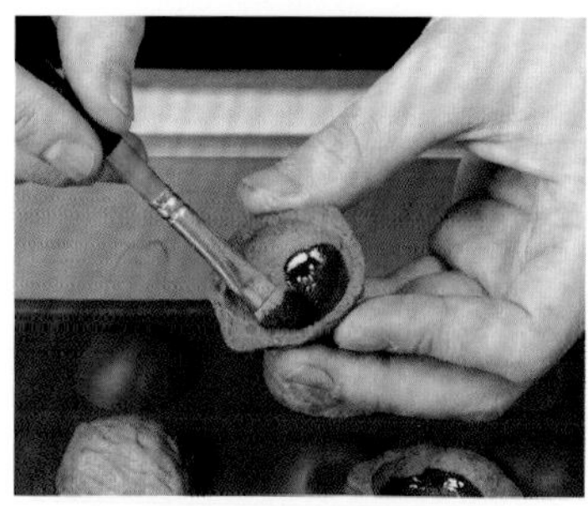

7. 用刷子将巧克力薄薄地刷在放凉了的酥饼内侧，冷却凝固。

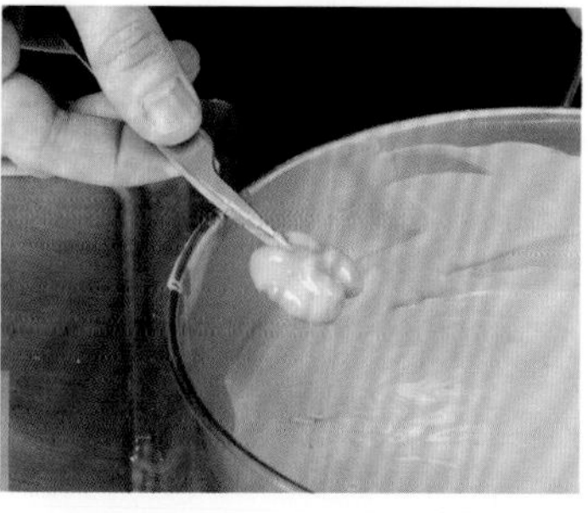

8. 烤好的核桃仁放在调温好的金巧克力中。尽量多往下抖抖巧克力，金巧克力要沾的薄些，这样核桃的纹路才鲜明。

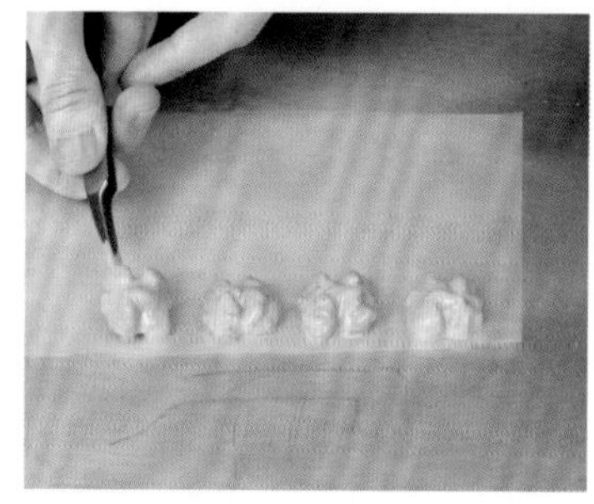

9. 将沾浸好的核桃仁并排摆到烘焙纸上。

如何制作核桃甘纳许

10. 巧克力完全凝固前，抹点食用金箔，冷却凝固。

11. 黑巧克力豆和牛奶巧克力分别在微波炉中加热熔化 70% 后拿出。奶油用微波炉加热到沸点。

12. 用刮刀将 11 中的原料搅拌均匀。

Tip

❼ 甘纳许必须等抹在酥饼内侧的巧克力凝固后才能填充，只有这样酥饼才不会变软。

❽ 烤过的核桃仁沾浸时不能破碎，可小心地用小镊子夹着，沾一层薄薄的巧克力。

⓫ 制作少量甘纳许时，要提前将巧克力熔化70%，再放入加热后的奶油，只有这样才能防止巧克力结块。

13. 用手持搅拌器再混合一遍。

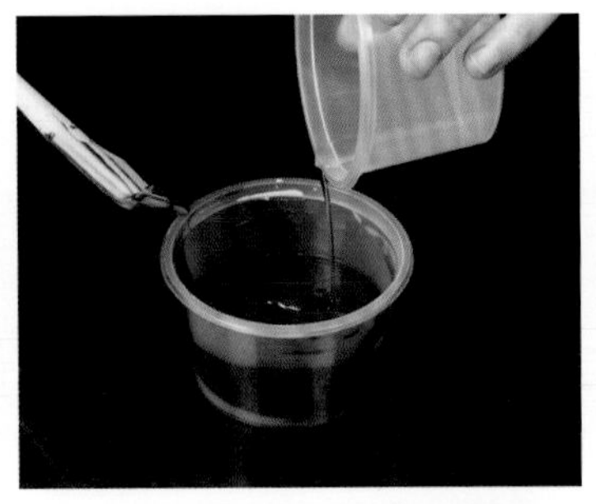

14. 甘纳许温度降到 34℃时加入百加得，搅拌到无明显颗粒、匀称平滑的状态。

15. 再放入碎核桃仁，完成核桃甘纳许的制作。

如何收尾

16. 制作完成的甘纳许不能接触空气，所以上面要盖上保鲜膜，冷却到适合裱花的温度。

17. 核桃甘纳许挤到酥饼内壁，填入 90%。

18. 甘纳许完全凝固前放入核桃，完成制作。

Tip

⑭ 百加得中的酒精成分能更好地融合脂肪（可可脂）。

⑯ 甘纳许的制作最好在酥饼、核桃沾浸之后。因为用来填充的核桃甘纳许偏硬，如果放置的时间太长可能会变得更坚硬，不好挤出裱花。

Walnut

10 牛油果巧克力

本款产品模仿牛油果的模样，小巧可爱，闪闪的牛油果皮使这款巧克力更具魅力。香喷喷的整个杏仁加上焦糖香味浓郁的焦糖和杏仁甘纳许，让人回味无穷。

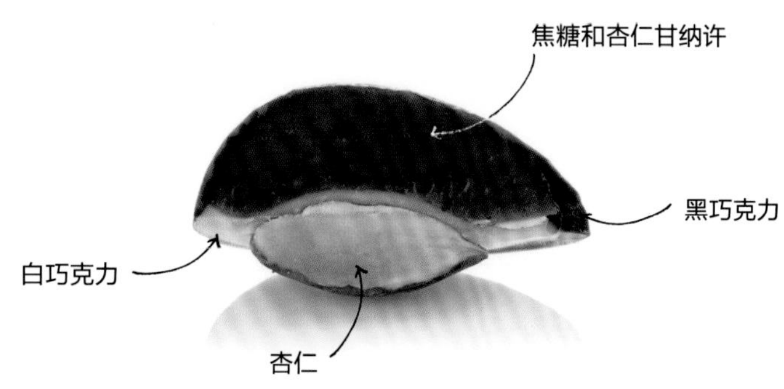

牛油果巧克力

尺寸　长3.5厘米，宽2.4厘米

工具　模具（巧克力世界，1891），刷子

原料（约30个的量）

◦ 焦糖和杏仁甘纳许：牛奶巧克力（法芙娜 吉瓦纳 40%）40克，金巧克力（法芙娜 度思 32%）10克，动物奶油50克，杏仁碎20克，转化糖3克，香草荚1/3个

◦ 入模：黑巧克力适量，白巧克力适量，彩色可可脂适量（绿色）

◦ 其他：杏仁30颗

准备工作

• 模具提前磨光、清洗。第46页

• 入模用的黑巧克力、白巧克力，全部完成调温。第34页

• 做好要用的彩色可可脂并调温。第42页

• 杏仁放入预热150℃的烤箱内烘烤15分钟。

如何制作**焦糖和杏仁甘纳许**

1. 奶锅中加入奶油、香草豆和豆荚，煮沸后马上离火。表面要用保鲜膜包住，以阻绝湿气，静置20分钟使香草豆的味道更浓郁。

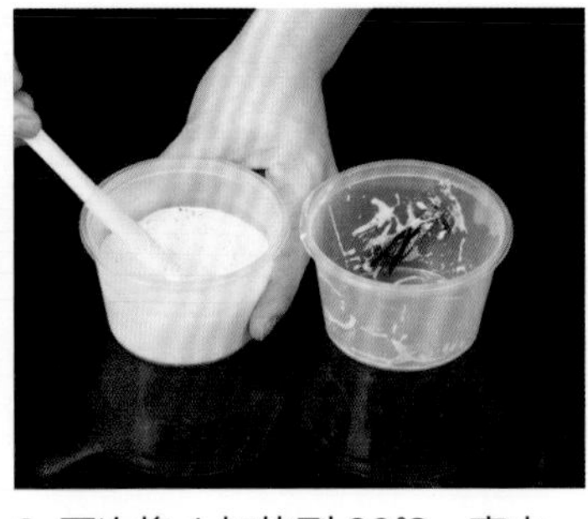

2. 再次将1加热到60℃，离火，挑出豆荚。

3. 容器中加入黑巧克力、金巧克力和转化糖，送入微波炉内加热融化70%后，再和1混合。

4. 加入杏仁碎，利用手持搅拌器混合好，完成甘纳许的制作。

如何**上色**

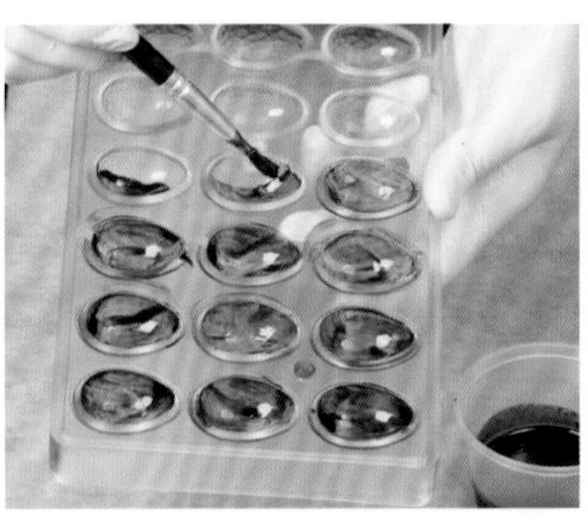

5. 刷子沾取彩色可可脂，刷到模具上，然后冷却凝固。

首轮入模

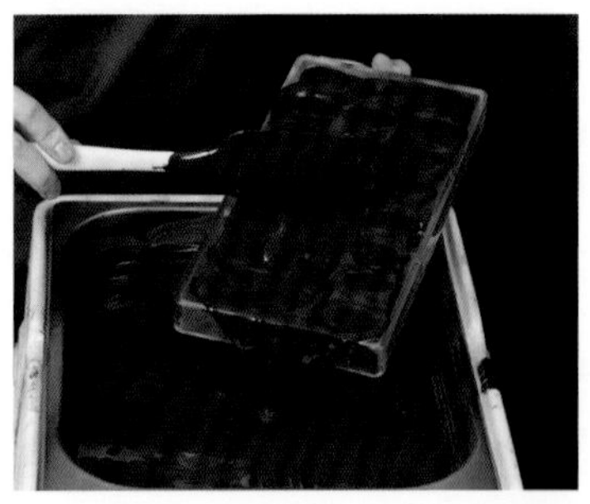

6. 模具内均匀地装入调好温的黑巧克力。

Tip

① 香草荚的豆荚香味更浓厚，所以要把豆荚和豆子都放进去一起煮；香草荚的香味融入奶油的过程中，为了不接触湿气，容器表面要用保鲜膜包住。

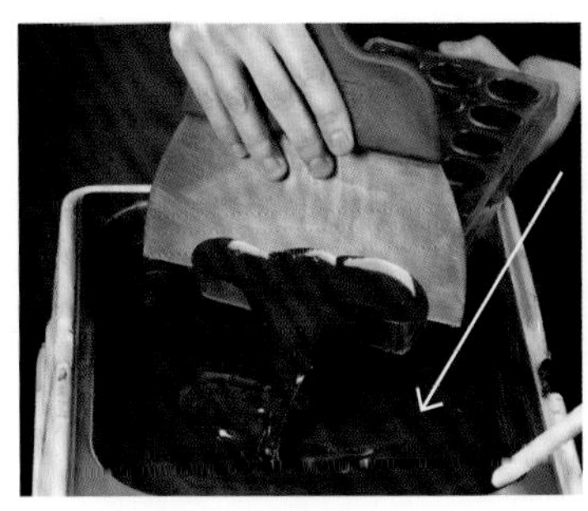

7. 用刮刀刮一遍模具上方，使巧克力表面更平整。

8. 敲打模具周边，消除气泡。

9. 将模具倒扣，敲打模具周边，将巧克力脱模。

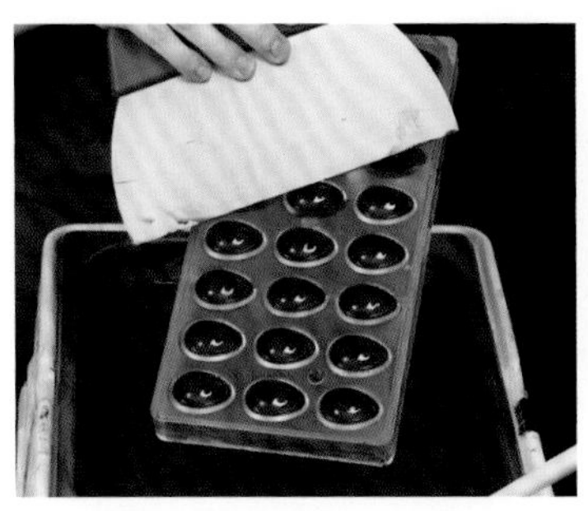

10. 模具上方及周边多余的巧克力，用刮刀整理干净。

11. 在烘焙纸上倒放模具，使巧克力硬壳凝固。

如何填充

12. 在凝固好的巧克力硬壳中挤入做好的甘纳许，填充模具的90%，再放入冰箱凝固20分钟。

Tip

⑪ 烘焙纸上倒放模具是为了让巧克力硬壳的厚度均匀一致。

⑫ 甘纳许要放在冰箱里20分钟或室温（18~20℃）24小时，待完全凝固后才能进行下一步操作。

次轮入模

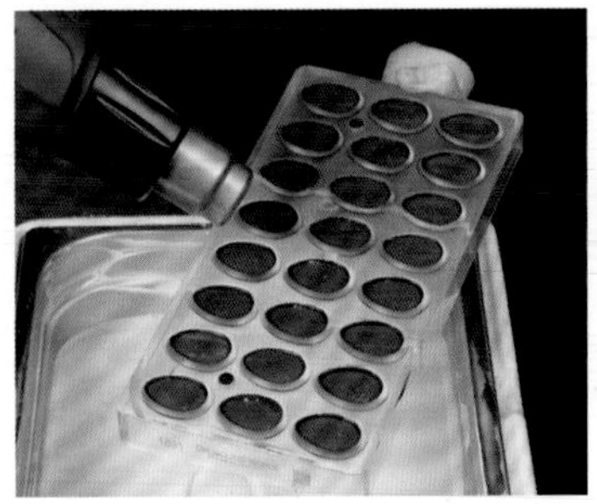

13. 次轮入模时，为了使巧克力和巧克力之间的衔接更牢固，要用热风枪稍稍加热巧克力。

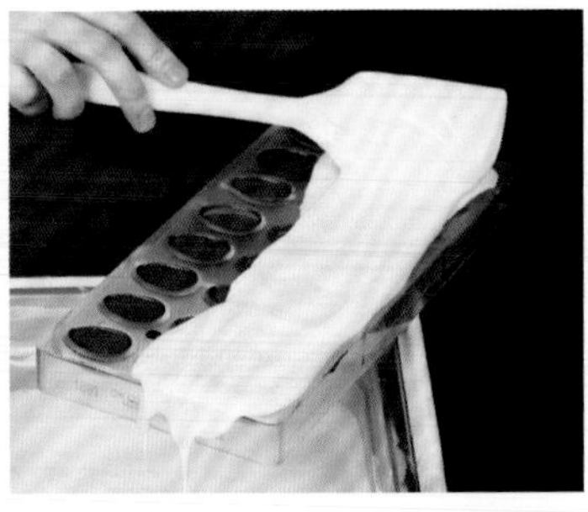

14. 在模具上均匀地抹调温后的白巧克力。

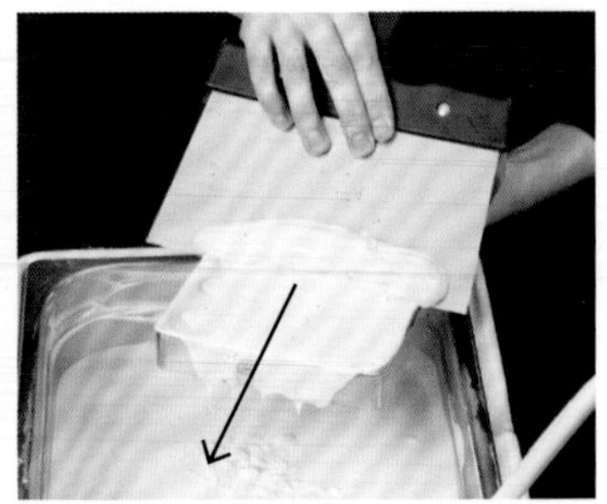

15. 模具上面用刮刀刮一遍，整理干净。

如何收尾

16. 趁白巧克力完全凝固前，摆上烤好的整个杏仁，轻轻往下按，固定好以后定形。

17. 彩色可可脂（绿色）要在白巧克力完全凝固后涂到白巧克力的周围，绘制成牛油果的模样。

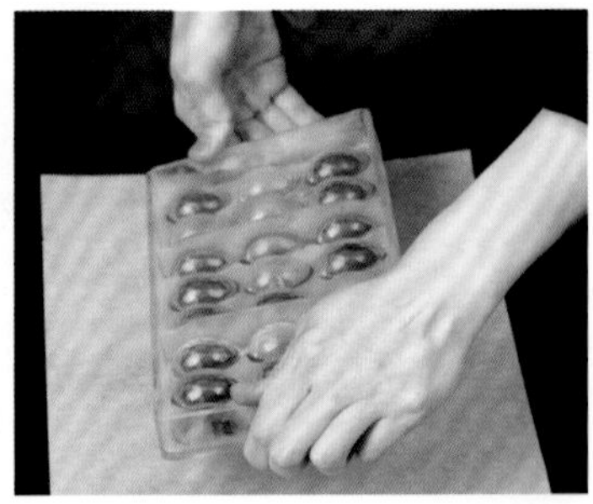

18. 制作完成后送入冰箱冷却15~20分钟，巧克力完美地和模具分离后，倒扣模具，将巧克力脱模。

Tip

⑬ 和在凝固的巧克力上面抹白巧克力相比，稍稍熔化黑巧克力再抹白巧克力，会让巧克力之间更贴合。所以最好用热风枪稍稍加热巧克力再进行次轮入模。

⑯ 摆杏仁时不要放在巧克力表面，要往下按才能固定，做出来的成品也更逼真。

Avocado

11 复古金巧克力

这款巧克力中注入了含有浓郁生姜香味的甘纳许。利用喷枪的风力吹出水波纹样，上面还抹了层金粉，是一款表现高端金饰和复古魅力的巧克力。

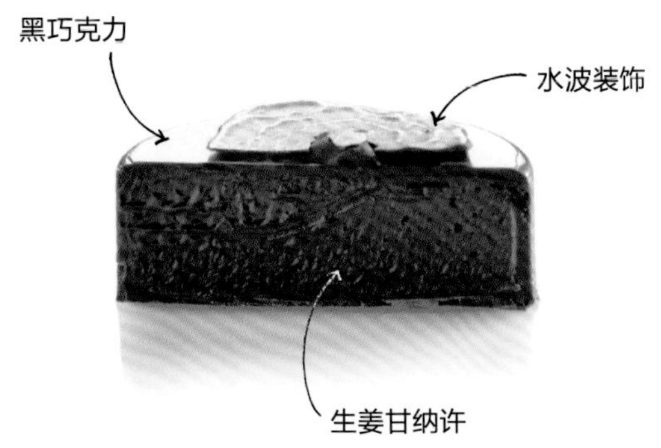

复古金巧克力

尺寸　长3.5厘米，宽2.4厘米，高1厘米

工具　模具（Martellato， CF0502），喷枪和压缩机，透明贴纸

原料（约24个的量）

- 生姜甘纳许：牛奶巧克力（嘉利宝 823 33.6%）67克，黑巧克力（嘉利宝 2815 57.7%）62克，动物奶油50克，葡萄糖7克，生姜5克
- 波纹装饰：黑巧克力适量，金粉适量
- 入模：黑巧克力适量

准备工作

- 将模具磨光，清洗干净。第96页
- 入模、装饰用的黑巧克力完成调温。第34页

如何制作生姜甘纳许

1. 奶油中加入切成小块的生姜，再放到微波炉内加热，煮沸后马上拿出来，静置 20 分钟，使生姜的味道完全散发出来。

2. 生姜味道完全融到奶油里之后，加入葡萄糖，再次煮沸。

3. 牛奶巧克力和黑巧克力分别放到微波炉内加热熔化 70%，熔化后过筛，与 2 的原料混合到一起。

4. 使用手持搅拌器再次搅拌，做好的甘纳许需要隔绝湿气，表面用保鲜膜包住。

首轮入模

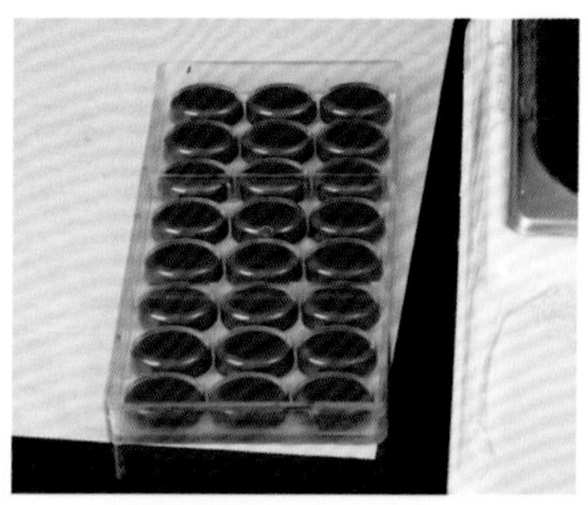

5. 调温完成的黑巧克力首轮入模，再把模具倒放在透明贴纸上，凝固成巧克力硬壳。

如何填充

6. 生姜甘纳许降温到 34℃以下，填充到巧克力硬壳内，填充量为模具的 90%，然后放在冰箱内 20 分钟。

Tip

❶ 奶油如果煮过头，到冒泡了的程度，会损失1%～3%的水分。所以奶油无论是用微波炉还是用奶锅加热，都最好只煮到沸点。如果制作过程中温度过高导致奶油水分流失，需要补充流失掉的水分。

❷ 生姜切得越小块，味道越浓郁。

❺ 首轮入模时，把模具倒放在透明贴纸上，是为了让巧克力硬壳的厚度均匀一致。

次轮入模

7. 为了使两种巧克力更贴合、更牢固，用热风枪稍微加热熔化巧克力，再均匀地填充调温后的黑巧克力。

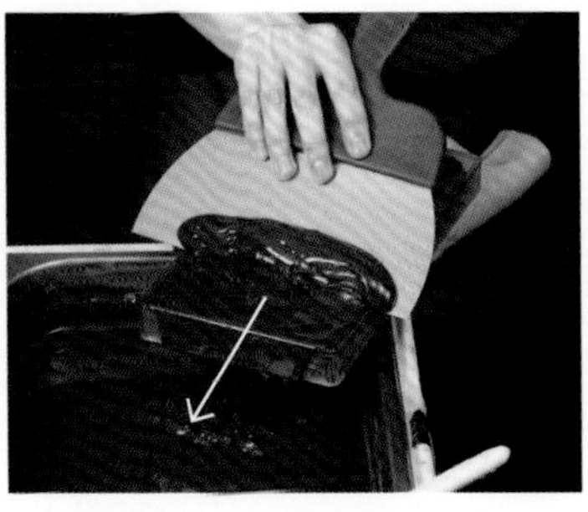

8. 再用刮刀刮一遍模具上方，刮掉模具周边沾的多余巧克力，送入冰箱凝固 15~20 分钟。

如何制作波浪装饰

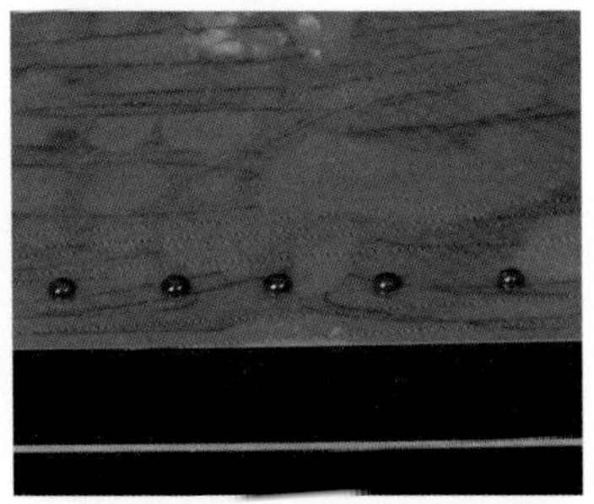

9. 调温后的黑巧克力装入裱花袋，挤成直径为 5 毫米的圆形。

10. 挤出的巧克力稍微凝固后，用喷枪吹出来的风自然地吹出水波状，之后凝固。

11. 巧克力完全凝固后用刷子刷点金粉。

如何收尾

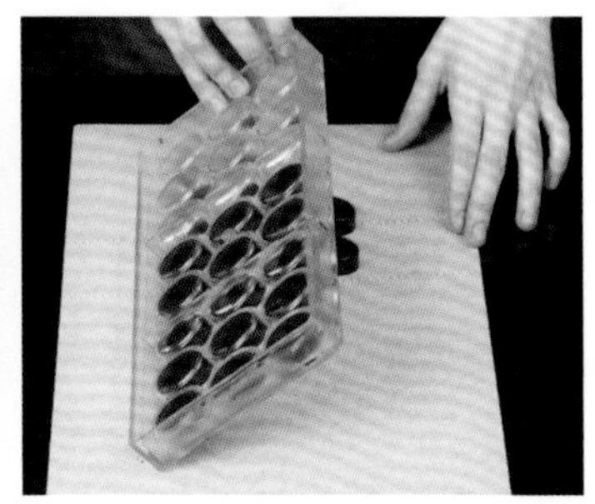

12. 巧克力和模具完全分离时，倒放模具将巧克力脱模。

13. 在巧克力块中间挤点儿巧克力，固定装饰。

14. 放上做好的装饰，固定。

Vintage Gold

12 鹅卵石巧克力

闪闪发亮的鹅卵石效果，利用和鹅卵石形状相似的模具做了两种颜色的渐变色。白巧克力和黄油的融合增强了柔软度，入口散发着浓郁的香草气息。

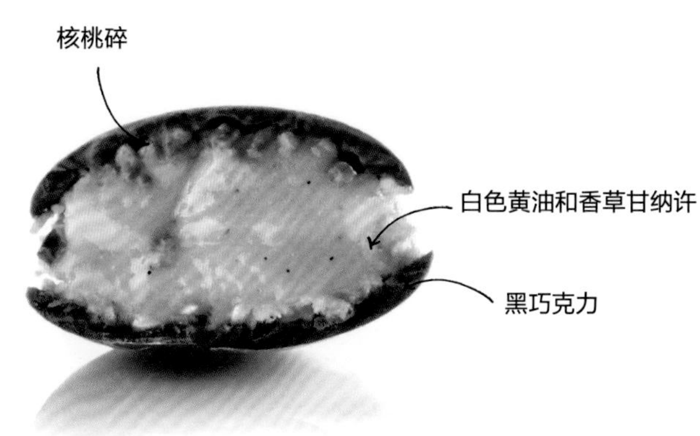

鹅卵石巧克力

尺寸　直径3.5厘米，高2.5厘米

工具　模具（巧克力世界，1847），喷枪和压缩机，刷子，牙签

原料（约21个的量）
- 白色黄油和香草甘纳许：白巧克力（法芙娜 白巧克力 35%）85克，动物奶油30克，无盐黄油30克，香草荚1/3个
- 入模：黑巧克力适量，彩色可可脂适量（粉色、绿色、白色）
- 其他：核桃碎适量

准备工作
- 模具提前磨光，清洗干净。第46页
- 完成入模用的黑巧克力的调温。第34页
- 提前做好彩色可可脂（绿色、粉色、白色），分别调温。第42页
- 黄油放于室温软化。

如何制作**白色黄油和香草甘纳许**

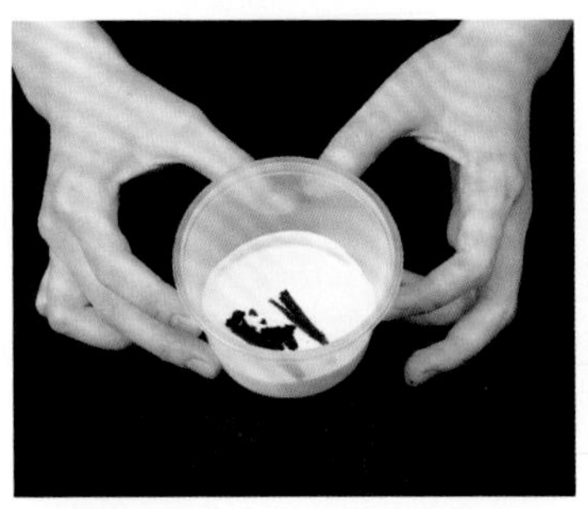

1. 把香草豆和豆荚放在奶油中，一起加热到60℃离火，浸泡20分钟，再重新加热到60℃，挑去豆荚。

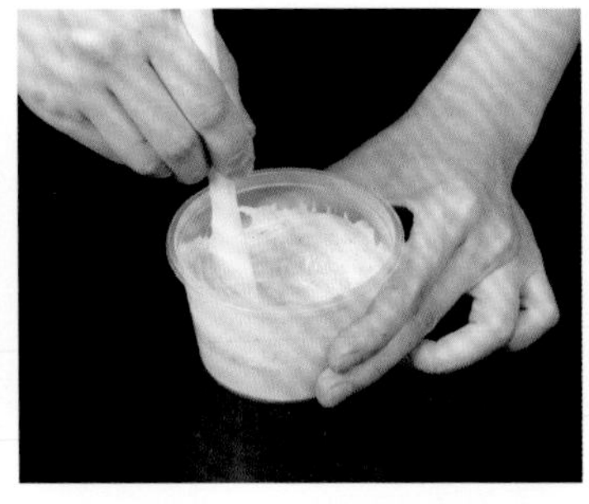

2. 白巧克力放在微波炉中熔化70%，之后和1的原料混合。

3. 软化后的黄油用打蛋器搅打，再用搅拌器和2的原料混合。

4. 制作完成的甘纳许不要接触湿气，表面用保鲜膜包住，凝固。

如何**上色**

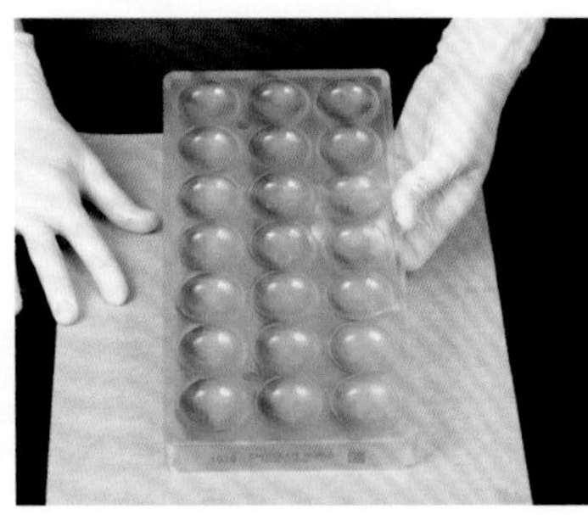

5. 利用喷枪喷涂彩色可可脂（粉色），注意只喷涂模具的一半。

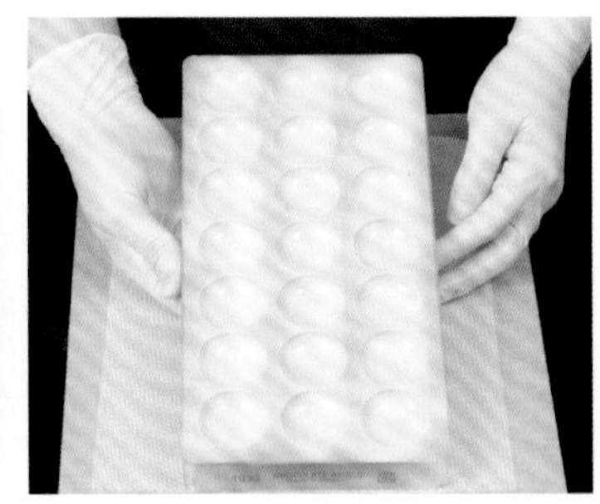

6. 再用彩色可可脂（白色）喷涂，这次全部喷涂整个模具。

Tip

❺ 喷涂色素时注意距离要一致，否则喷射不均匀。喷涂时右手拿着喷枪，为了能使彩色可可脂喷到模具深处，左手要适当移动模具。

❻ 第2次喷涂时，要将彩色可可脂全部覆盖模具，那样才不受入模巧克力颜色的影响，只留色素本身的颜色。

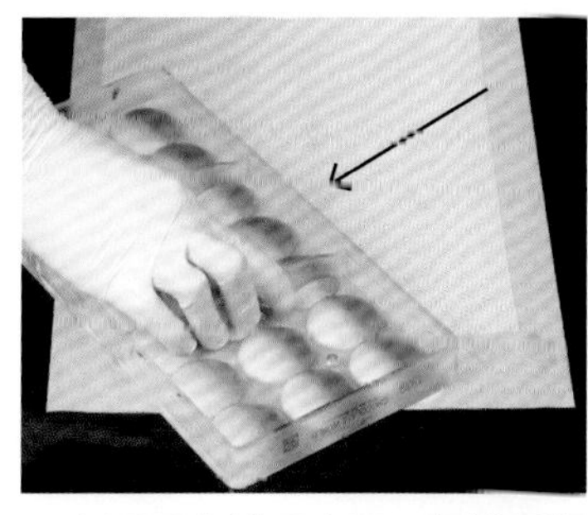

7. 在平面上铺厨房纸，把模具顺着一个方向推一遍，擦掉多余的色素。

8. 色素干了以后，用牙签在喷了粉色色素的产品边缘刻出五角星形状。

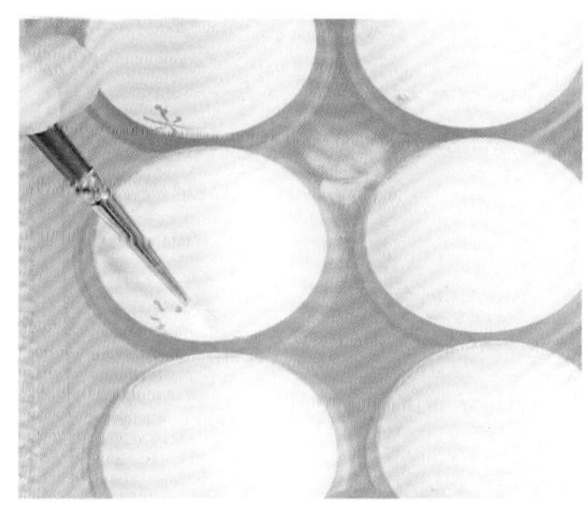

9. 用刷子沾取彩色可可脂(白色)，涂在刻了五角星的地方，然后冷却凝固。

10. 这是在粉色色素上画了白色五角星的产品的最终样子。

如何入模

11. 将调温后的黑巧克力均匀地倒在模具中。

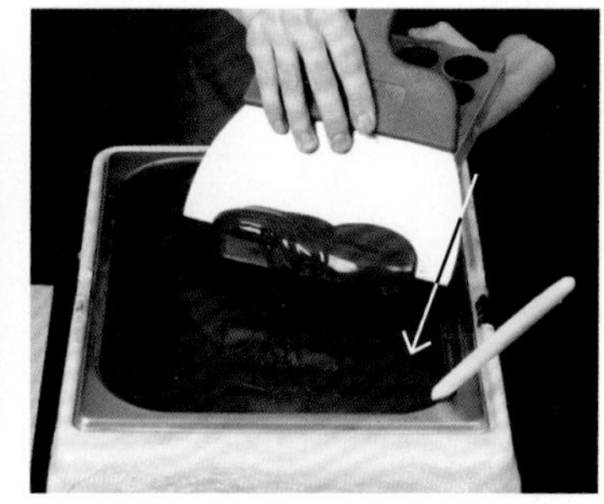

12. 使用刮刀将模具上方刮干净。

13. 整理掉模具周边沾着的多余的巧克力。

14. 用刮刀敲击模具周围，消除气泡。

15. 巧克力完全凝固前，撒满核桃碎，再放到冰箱内冷却 15~20 分钟。

如何收尾

16. 观察冰箱内的巧克力和模具完全分离时，倒置模具将巧克力取出。

17. 做好的甘纳许不能太稀，状态要适合裱花，裱花时不能太靠近两侧，中间要尽量高。

18. 盖上另一半巧克力。

19. 将甘纳许侧面也沾满核桃碎，完成鹅卵石巧克力的制作。重点是挤甘纳许时，甘纳许要有一定的高度，核桃碎要布满整个侧面。

Pebble

13 钉子巧克力

利用塑形巧克力和银粉制作出钉子模样，再用硬刷子刷巧克力表面，表现出逼真的钉在木头上的钉子状。这款产品的甘纳许在牛奶巧克力中加入了卡鲁瓦咖啡利口酒。

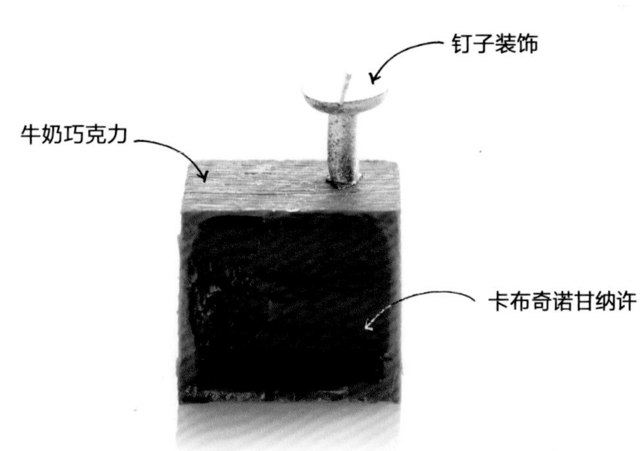

钉子巧克力

尺寸	长2.3厘米，宽2.3厘米，高2厘米
工具	模具（巧克力世界，1000L20），小刀，透明贴纸，热风枪，厚贴纸，刷子，硬毛刷
原料 (20~24个的量)	◦ 卡布奇诺甘纳许：牛奶巧克力（嘉利宝 823 33.6%）106克，动物奶油42克，无盐黄油19克，转化糖12克，卡鲁瓦咖啡利口酒4克，速溶咖啡4克 ◦ 入模：牛奶巧克力适量 ◦ 钉子装饰：银粉适量，黑巧克力适量，塑形巧克力适量
准备工作	• 模具提前磨光，清洗。第46页 • 入模用的牛奶巧克力、装饰用的黑巧克力，完成调温。第34页 • 塑形巧克力原料准备齐全。第58页 • 黄油放于室温软化。

如何制作**卡布奇诺甘纳许**

1. 奶油、转化糖、卡鲁瓦咖啡利口酒和速溶咖啡装在一个容器内，加热到60℃，混合均匀。

2. 牛奶巧克力送入微波炉内，熔化70%，再和1混合。

3. 温度降到34~36℃放入软化好的黄油，再用手持搅拌器混合，完成甘纳许的制作。

首轮入模

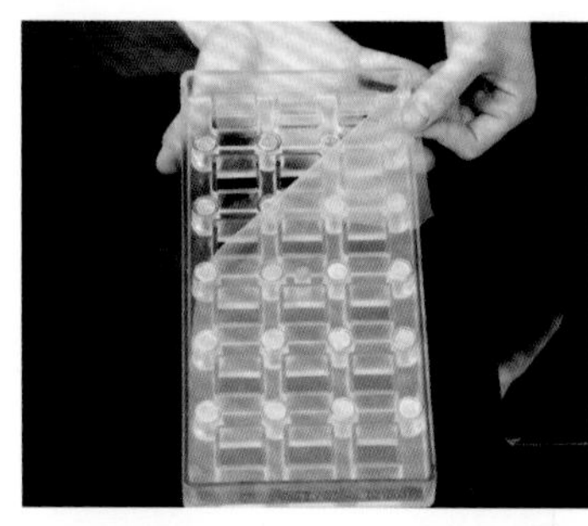

4. 这里用到的是磁铁模具。使用磁铁模具时要把透明贴纸按照模具的大小裁剪好，放到模具中。

5. 夹完透明贴纸后，对照凹槽固定好磁铁。

6. 利用裱花袋挤入调温完成的巧克力。

Tip

❸ 甘纳许温度降到34℃以下再使用。

❻ 可用刮刀入模，也能用裱花袋往里挤，大家按照自己习惯的方法入模即可。若用裱花袋入模，模具周围沾的多余的巧克力会比较少。

7. 左右晃动模具，消除气泡。

8. 倒扣模具，用刮刀敲模具周围，将巧克力倒出。

9. 再用刮刀将模具上面刮一遍，整理平整，然后把模具倒放在烘焙纸上，凝固巧克力硬壳。

如何制作钉子装饰

10. 拿出少量塑形巧克力，用手来回揉搓直到变软。

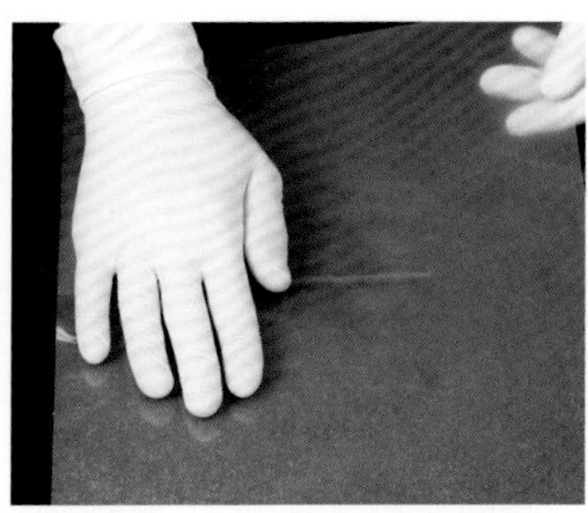

11. 将塑形巧克力放在厚贴纸上，擀成细长形状。

12. 剪成长度适中的长条，也就是钉子的下半部分。

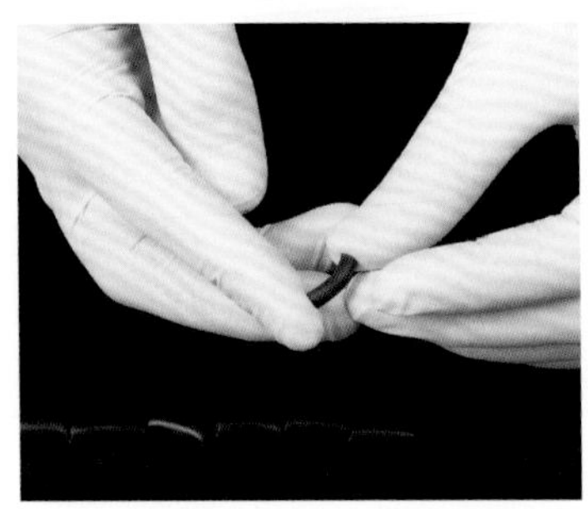

13. 为了使钉子的下半部分更自然，可拧弯或弄偏一点。

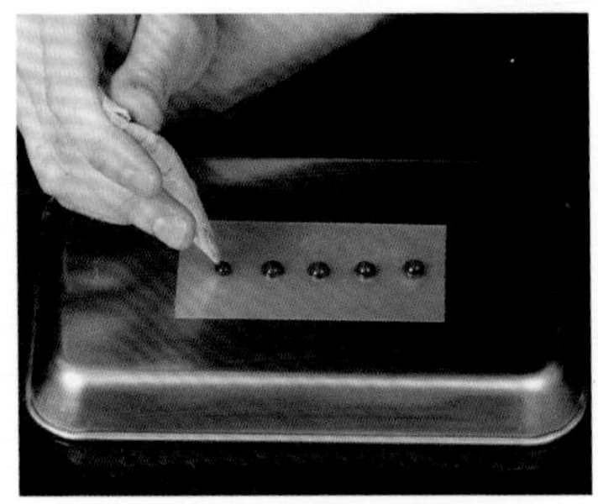

14. 将调温好的黑巧克力在透明贴纸上挤出直径 3 毫米的圆点。

15. 拿住托着透明贴纸的托盘往平面上墩几下，使刚才的圆点变为直径为 5 毫米的扁平圆。

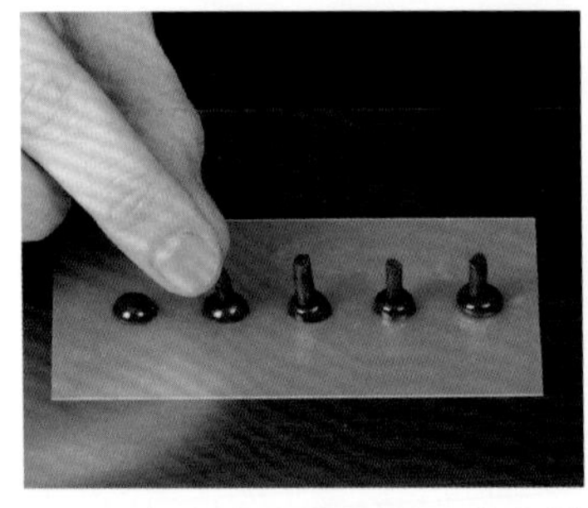

16. 巧克力完全凝固前，放上做好的钉子下半部分，固定，冷却。

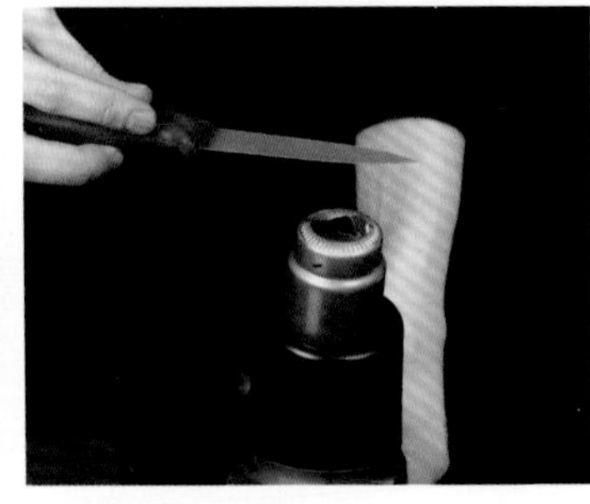

17. 用热风枪稍微加热小刀。

18. 钉子上半部分的中间，用加热过的小刀划一下，制作出更逼真的钉子形象。

如何填充　　次轮入模

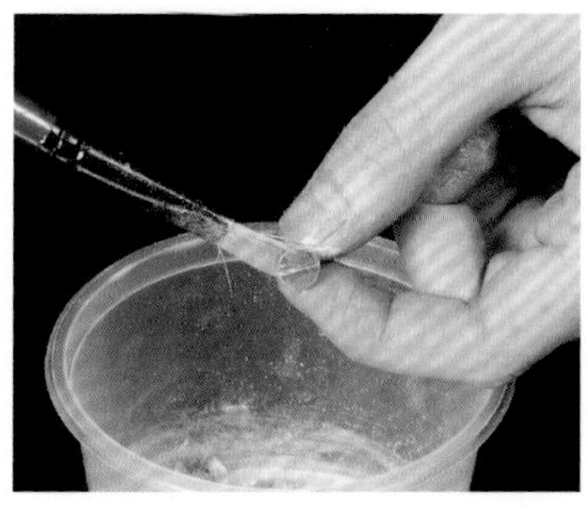

19. 利用刷子刷些银粉，完成钉子的制作。

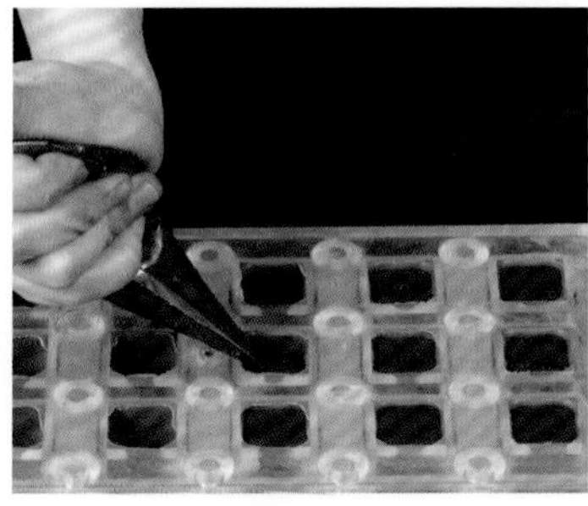

20. 首轮入模的巧克力硬壳完全凝固后，挤入模具体积 90% 的甘纳许，凝固。

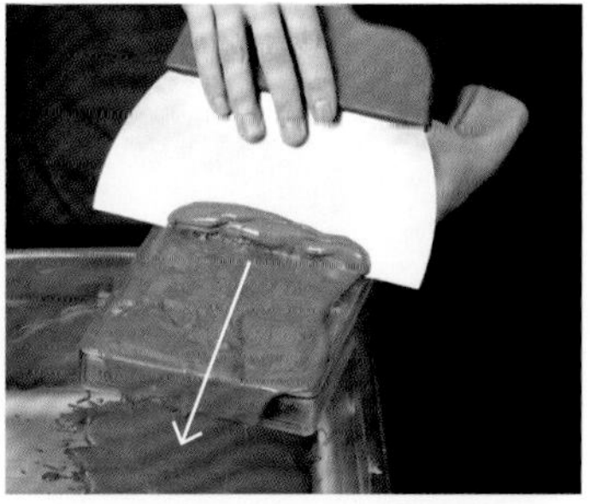

21. 为了使巧克力之间更贴合，用热风枪稍微加热，熔化巧克力，再均匀地倒入调温好的牛奶巧克力，然后用刮刀将模具上方整理干净。

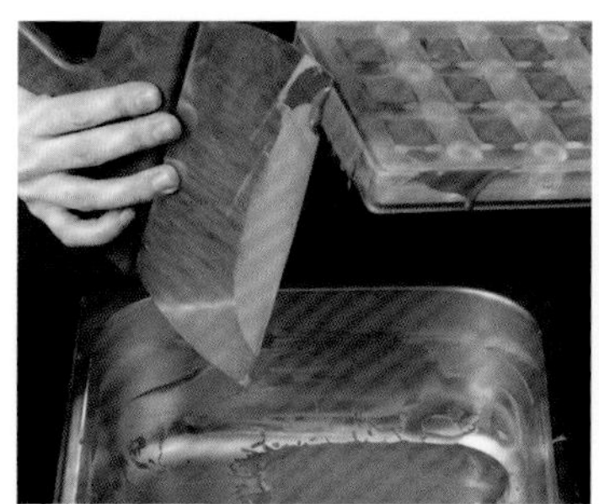

22. 使用刮刀刮掉沾在模具周围多余的巧克力，并送入冰箱冷却 15~20 分钟。

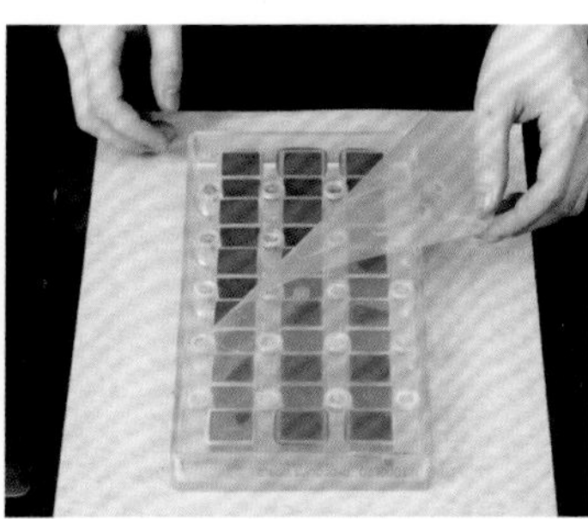

23. 巧克力完全凝固后拿出模具，按照顺序取下磁铁和透明贴纸。

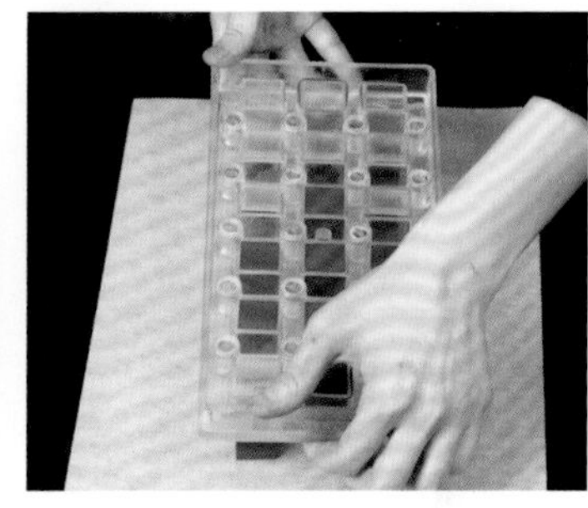

24. 倾斜模具将巧克力脱模。

Tip

21 次轮入模前要用热风枪稍微熔化模具中的巧克力，再加入调温好的牛奶巧克力，这样巧克力之间才更牢固。

25. 利用小刀划出清晰的划痕，再用硬刷子刷出纹路，表现逼真的木头纹理。

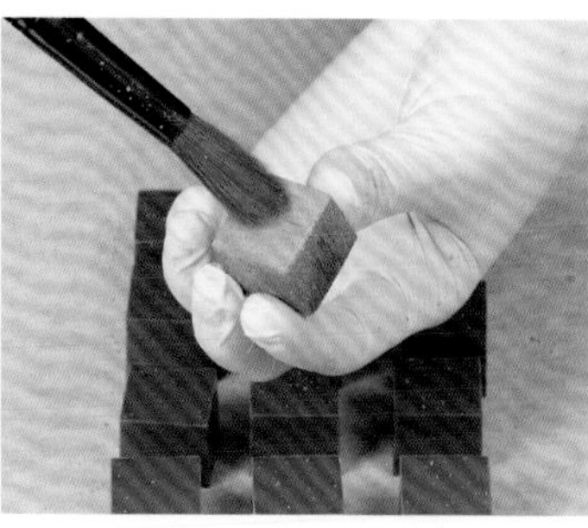

26. 用刷子刷掉残留的巧克力。

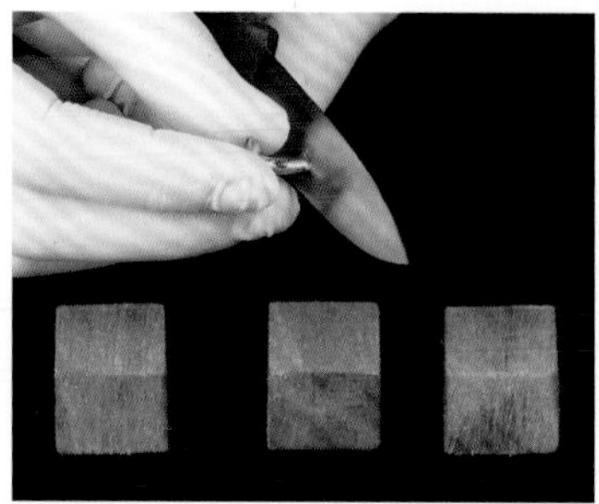

27. 小刀用热风枪稍稍加热，再用小刀稍微熔化钉子装饰的底端。

28. 在熔化的钉子装饰凝固前，把它固定在巧克力块的边角上。

Nail

14 小鸡巧克力

聚拢的眼睛和鼻子，脑袋上还歪戴了个荷包蛋。这是一款搞怪可爱的吉祥物小鸡焦糖巧克力。一口下去开心果甘纳许的酥香和杏仁酥饼的香脆绝对让人回味无穷。

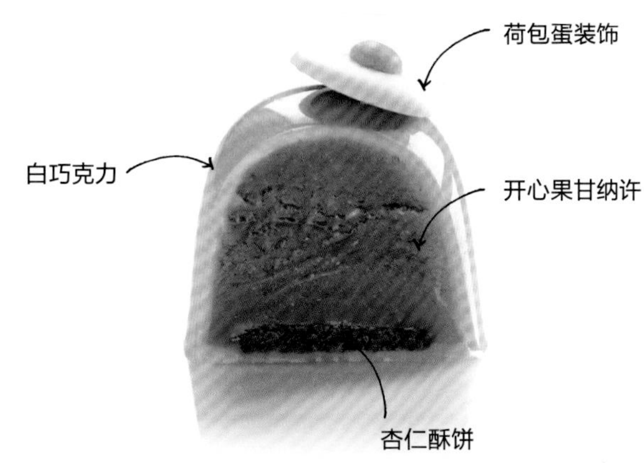

小鸡巧克力

尺寸　直径3厘米，高2.5厘米

工具　模具（巧克力世界，1157），刷子，切圆工具（直径约2.4厘米），透明贴纸

原料（约21个的量）
- 开心果甘纳许：白巧克力（法芙娜 白巧克力 35%）147克，动物奶油60克，开心果泥27克，无盐黄油12克，转化糖9克
- 入模：白巧克力适量，彩色可可脂适量（黄色）
- 荷包蛋装饰：白巧克力适量，脂溶性色素适量（黄色、白色）
- 其他：杏仁酥饼适量

准备工作
- 杏仁酥饼原料拌好。第210页
- 模具提前磨光，清洗干净。第46页
- 调温好入模用的白巧克力。第34页
- 做好彩色可可脂并调温。第42页
- 分别把装饰的色素和白巧克力混合，并调温。第62页
- 黄油放于室温软化。

如何制作杏仁酥饼

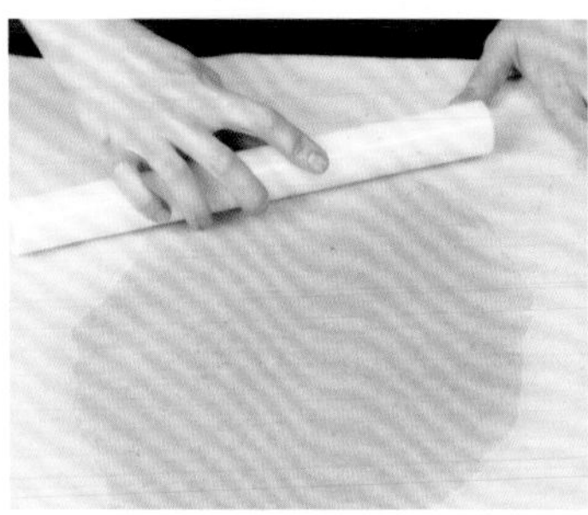

1. 将杏仁酥饼原料擀成 3 毫米厚的片，放在冰箱冷冻室冷冻一会儿，变硬之后再制作。

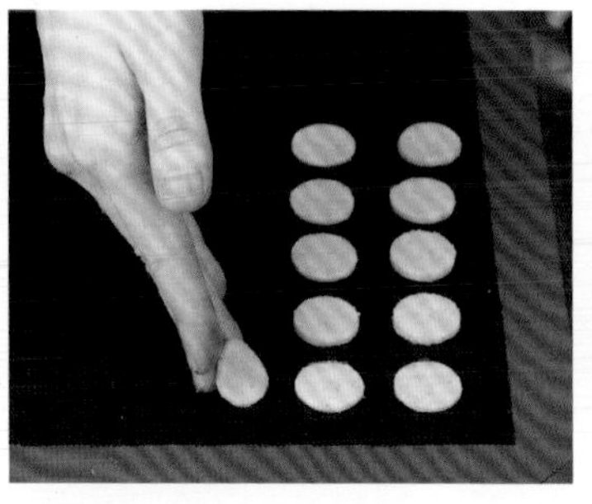

2. 用切圆工具切成圆形，送入预热 150℃的烤箱，烘烤 15~20 分钟后冷却。

如何制作开心果甘纳许

3. 奶油和转化糖分别装在容器内，加热到 60℃，白巧克力放在微波炉内加热熔化 70%，混合。

4. 加入开心果泥，再次搅拌均匀。

5. 待温度降低到 36℃，加入软化好的黄油，使用手持搅拌器混合，完成甘纳许的制作，冷却凝固。

如何上色

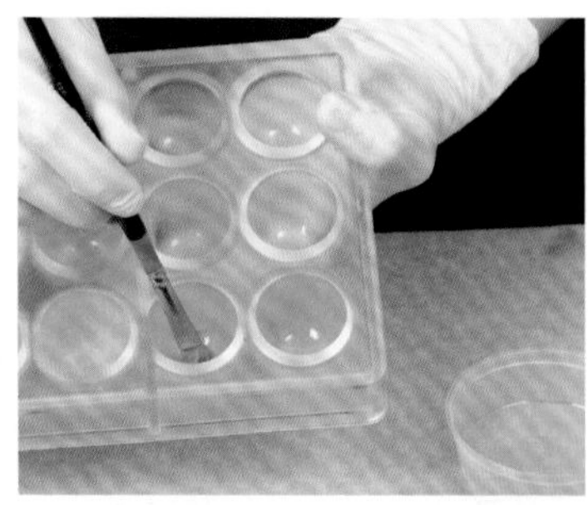

6. 用刷子在模具上刷一层薄薄的彩色可可脂（黄色）。色素凝固后再反复涂 1~2 次，凝固。

Tip

❶ 酥饼原料本身比较稀不好裁切，使用前要放在冷冻室冷冻一会儿，在有点硬的状态下才更好塑形。

❹ 这里用的是西西里岛产的100%开心果泥。

❻ 用喷枪喷色素的优点是色素更为均匀，没有喷枪的人可以用刷子涂，只是涂完1次等色素凝固后，还需重复1～2次，上色才鲜明（第51页）。

首轮入模

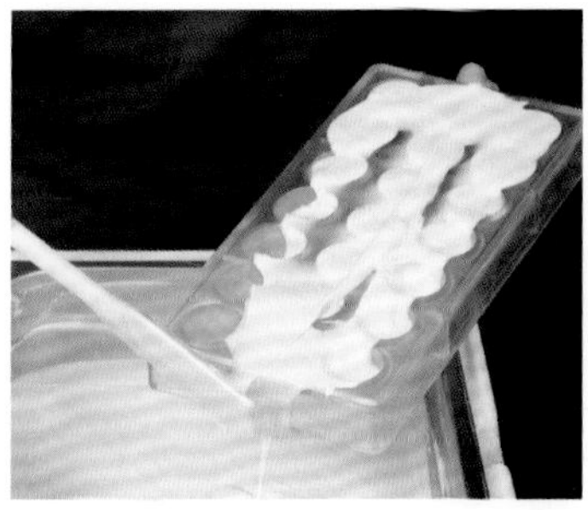

7. 模具上均匀地抹上完成调温的白巧克力。

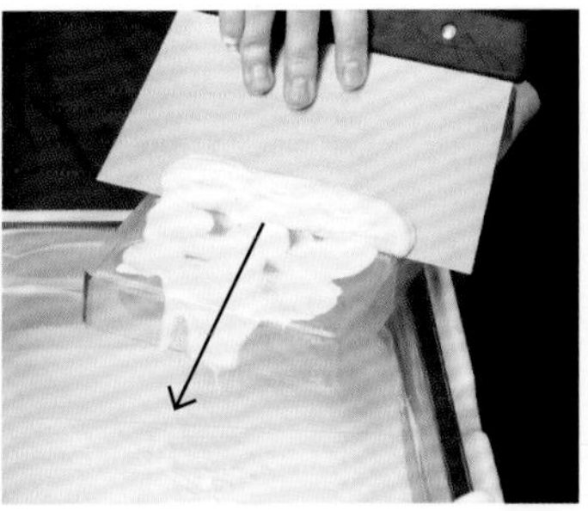

8. 利用刮刀在模具表面刮一遍，刮出平滑的巧克力表面。

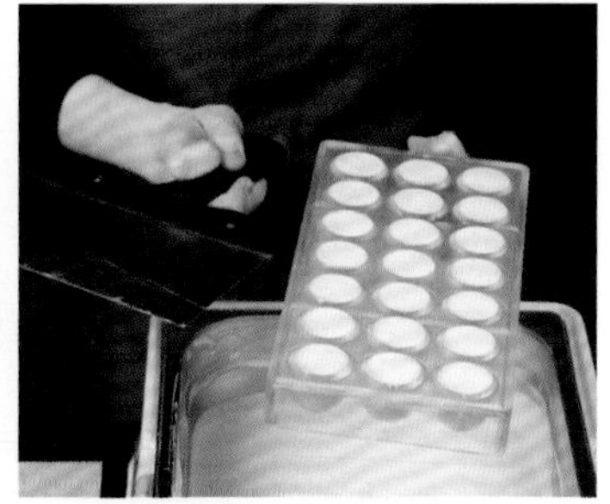

9. 用刮刀轻轻敲击模具周围，消除气泡。

10. 倒置模具敲击周边，将巧克力倒出来之后，倒放在烘焙纸上凝固巧克力硬壳。

如何填充

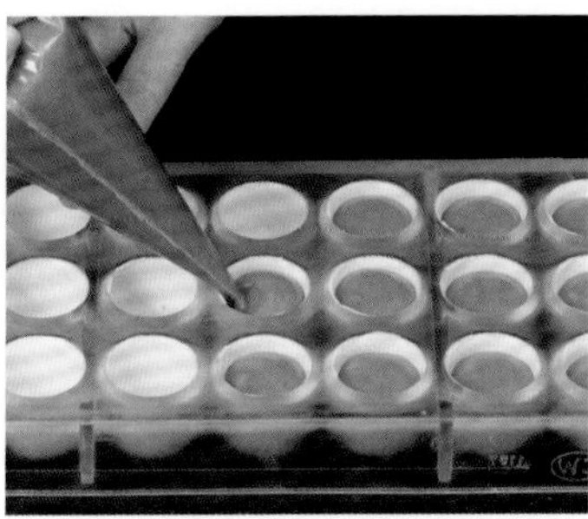

11. 在凝固的巧克力硬壳内挤上开心果甘纳许，填充模具的 60% 即可。

12. 甘纳许上面摆好杏仁酥饼，不能歪，要摆平，然后送入冰箱凝固 20 分钟，直到甘纳许不再流淌。

次轮入模

13. 为了使巧克力之间更为服帖牢固，用热风枪稍微加热熔化巧克力，再均匀地抹上调温后的白巧克力。

14. 把透明贴纸按照模具的大小裁剪，覆盖模具上方。

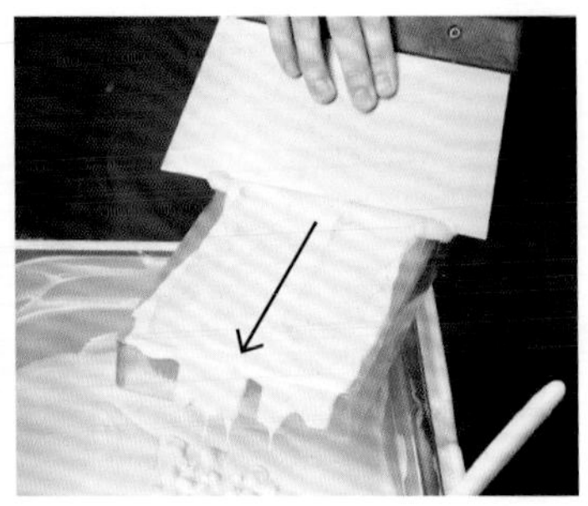

15. 保持透明贴纸不动，用刮刀刮干净模具上方。

如何制作荷包蛋装饰

16. 使用刮刀将模具周围沾着的多余的巧克力刮掉，还是不动透明贴纸，直接送入冰箱冷冻15~20 分钟。

17. 另取一张透明贴纸，用混合了白色色素的白巧克力挤出荷包蛋状。

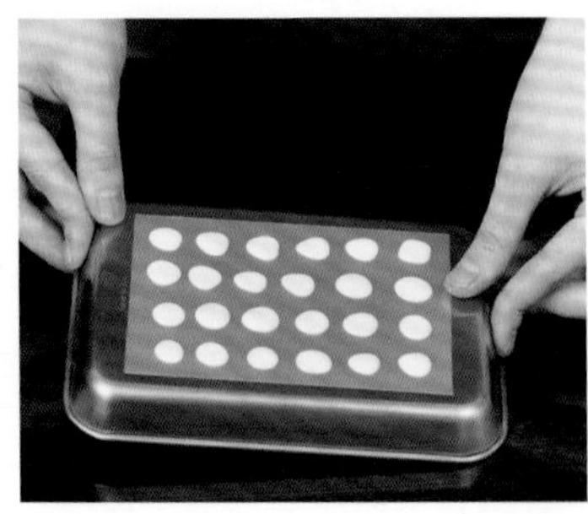

18. 拿住放透明贴纸的托盘，稍微往地面震几下，其形状就都变圆润了。

Tip

⑬ 次轮入模前，要用热风枪稍微熔化模具中的巧克力后再抹白巧克力，这样两种巧克力才结合地更牢固。

⑭ 由于巧克力里面含有酥饼，所以要在覆盖透明贴纸的状态下进行次轮入模，这样收尾才能利索。

如何收尾

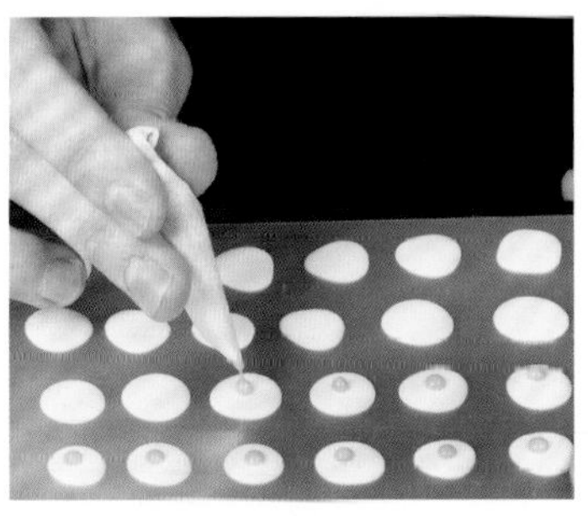
19. 用混合了黄色色素的白巧克力挤出蛋黄。

20. 拿住托着透明贴纸的托盘，稍微往地面震几下，这样蛋黄就平整了。

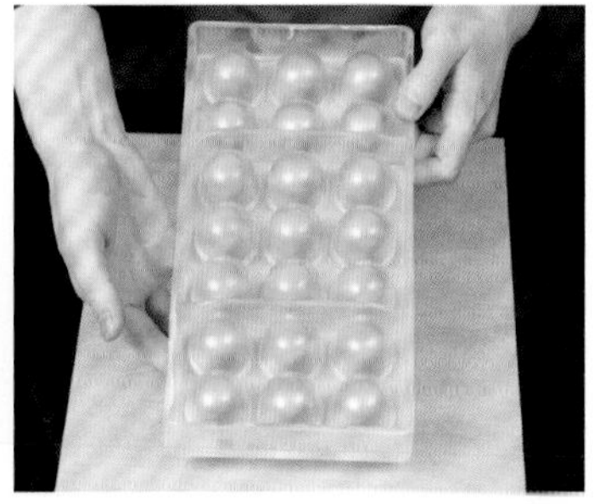
21. 冰箱内的巧克力和模具完全分离后，去除透明贴纸，倒扣模具，将巧克力脱模。

22. 使用调温后的黑巧克力挤出小鸡的眼睛，再用混合了黄色色素的白巧克力画嘴巴。

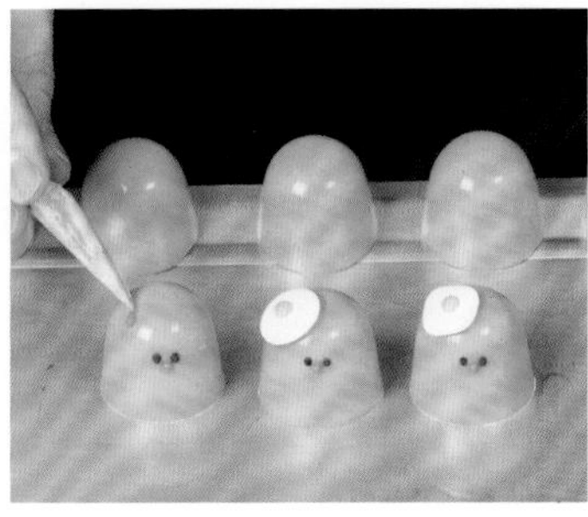
23. 用剩下的巧克力涂在小鸡头部一点点。

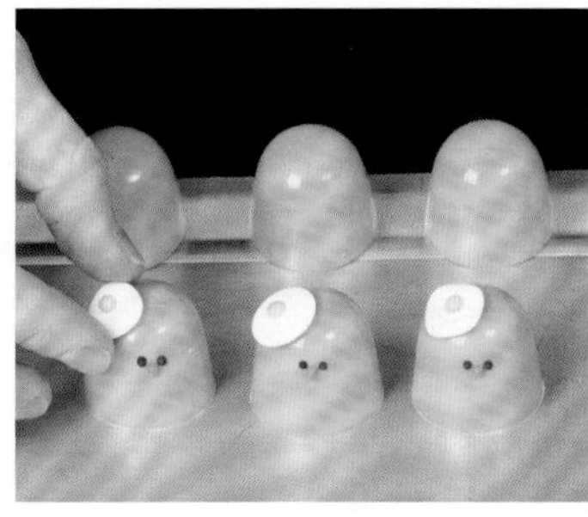
24. 巧克力凝固前盖上荷包蛋装饰，固定。

15 牛仔帽巧克力

利用弯曲凝固的巧克盘和类似帽子的模具，加上羽毛装饰制作而成的牛仔帽。可以同时享受巧克力盘和填充了甘纳许的巧克力。肉桂和肉豆蔻的香味在嘴中弥漫四溢。

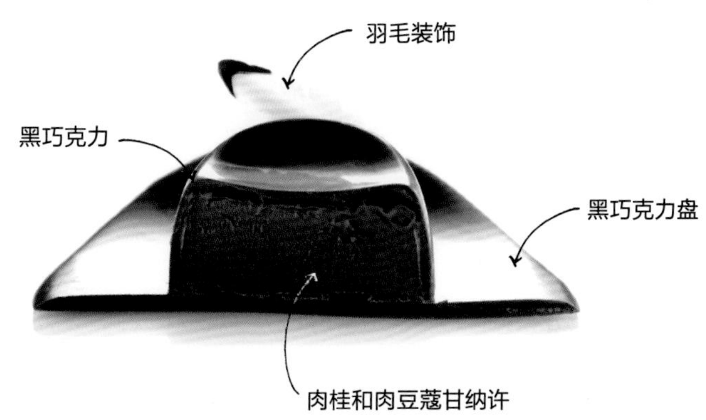

牛仔帽巧克力

尺寸　直径6.5厘米，高2厘米

工具　模具（Pavoni，PC45），小刀，热风枪，透明贴纸，透明胶带，瞬间冷却剂

原料（约21个的量）
- 肉桂和肉豆蔻甘纳许：黑巧克力（嘉利宝 811 54.5%）48克，牛奶巧克力（嘉利宝 823 33.6%）40克，动物奶油92克，肉桂粉4克，肉豆蔻粉2克
- 羽毛装饰：白巧克力适量，彩色可可脂适量（黑色）
- 入模和巧克力盘：黑巧克力适量

准备工作
- 模具提前磨光，清洗干净。第46页
- 入模和巧克力盘中用的黑巧克力和装饰用的白巧克力全部完成调温。第34页
- 彩色可可脂也提前制作完成并调温。第42页
- 黄油放于室温软化。

如何制作肉桂和肉豆蔻甘纳许

1. 奶油、肉桂粉和肉豆蔻粉全部放入容器混合，煮沸后马上离火。

2. 牛奶巧克力和黑巧克力分别放在微波炉内加热熔化 70% 后，倒入 1 的原料再次搅拌。

3. 加入软化好的黄油，使用手持搅拌器搅拌均匀，完成甘纳许的制作。

首轮入模

4. 向模具中倒入调温完成的黑巧克力。

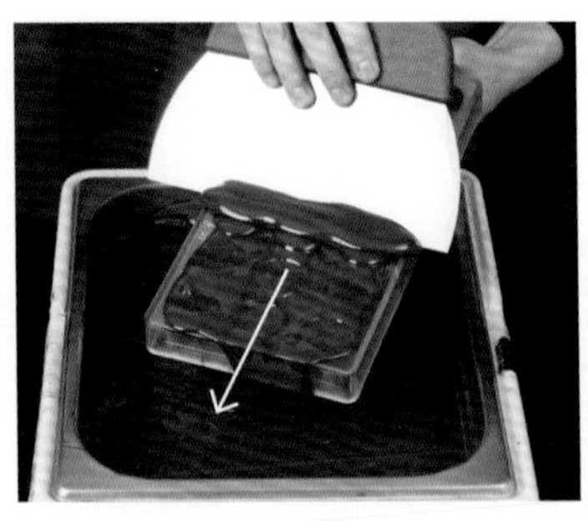

5. 利用刮刀刮一遍模具上方，使巧克力表面更为平整。

6. 使用刮刀敲击模具周边，消除气泡。

Tip

① 粉末类原料煮之前要先混合均匀，只有这样煮开时才不会结块。

如何填充

7. 倒置模具，敲击模具边缘，将巧克力倒出。

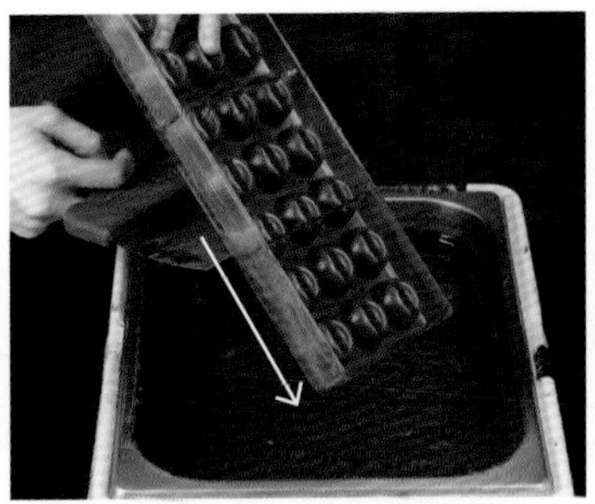

8. 去除模具上方沾着的多余的巧克力，再将模具倒放在烘焙纸上，凝固成巧克力硬壳。

9. 巧克力硬壳凝固好之后，填充模具体积 90% 的甘纳许，放于室温（18~20℃）静置一整天。

次轮入模

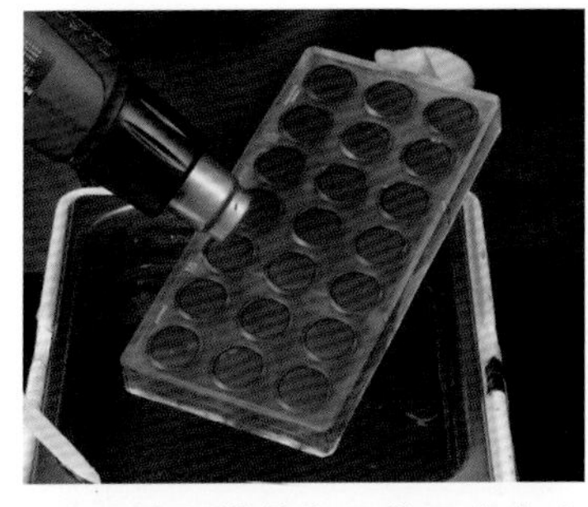

10. 次轮入模前为了使巧克力之间更为牢固，要利用热风枪稍微熔化巧克力。

如何填充

11. 把调温好的黑巧克力涂在模具上方。

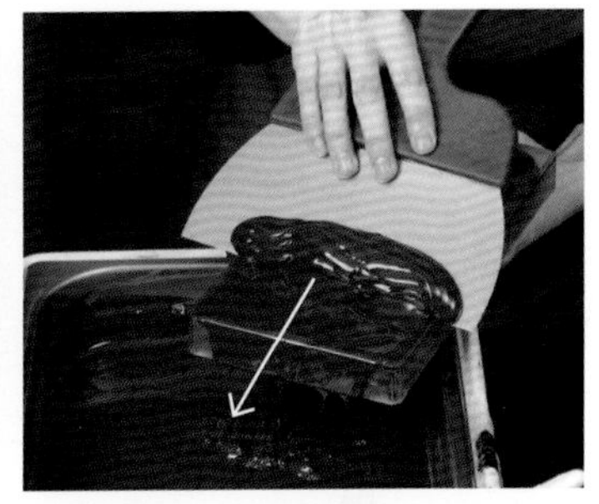

12. 使用刮刀整理模具上方。

Tip

❾ 填充甘纳许时，最好在模具上方留2毫米的空间（约填充模具的90%）。每挤一行甘纳许都要轻轻敲击模具，以消除气泡。

如何制作**巧克力盘**

13. 利用刮刀刮掉沾在模具周围多余的巧克力，送入冰箱冷却15~20 分钟。

14. 先将透明贴纸剪成长、宽为8~9 厘米的四方形。

15. 在透明贴纸上挤调温后的黑巧克力，挤出直径约为 5 厘米的圆形。

16. 拿住放透明贴纸的托盘稍稍在平面上震动几下，刚才的圆形就变成直径约 6 厘米的扁平圆了。

17. 利用透明胶带将透明贴纸的一端卷起，固定。

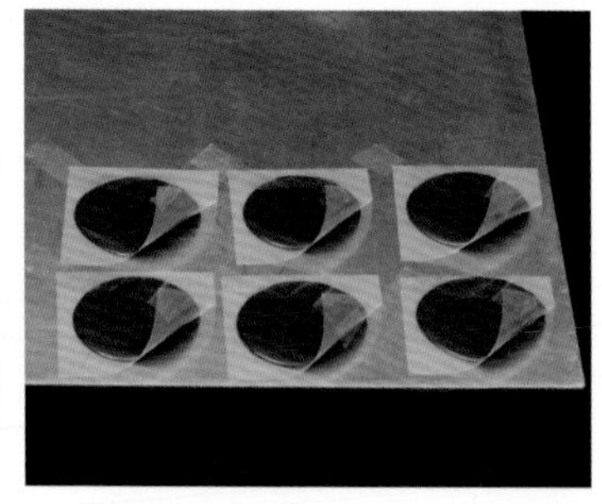

18. 巧克力盘在弯曲的状态下完全凝固后，撤掉透明贴纸。

Tip

⑱ 像这样利用透明胶带做出来的曲状巧克力，还能用于制作各种酥饼的装饰。

如何制作羽毛装饰

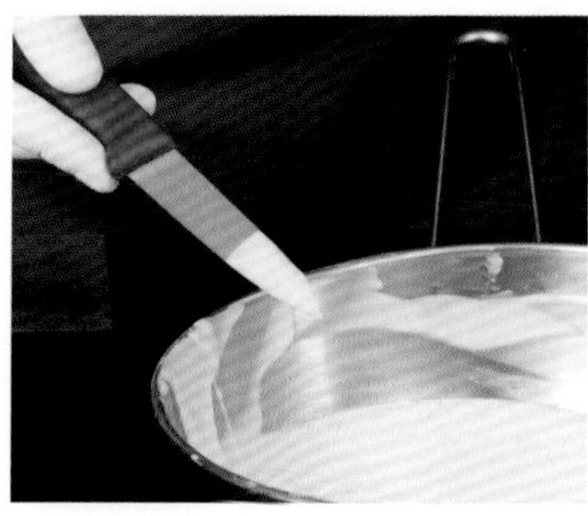

19. 小刀薄沾一层调温后的白巧克力。

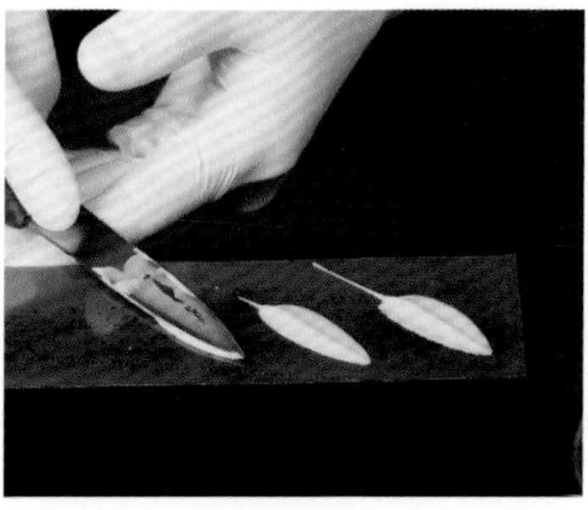

20. 把小刀放在剪成长条的透明贴纸上。

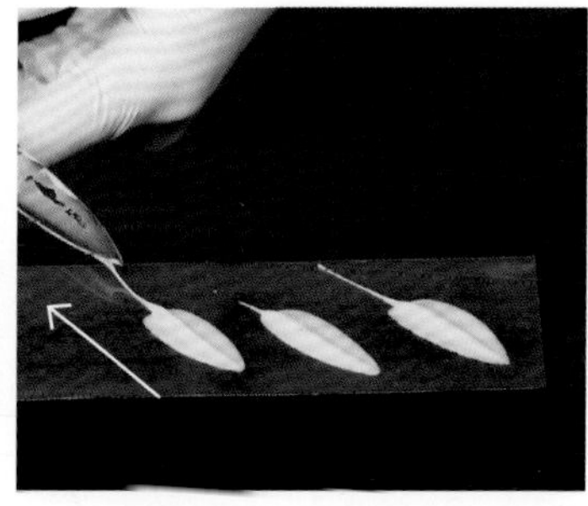

21. 稍微提起小刀向自己身体的方向快速拿开，形成羽毛中间的棱，然后凝固巧克力。

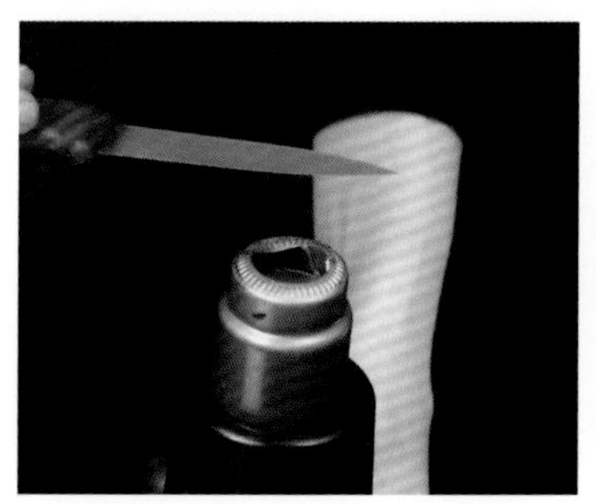

22. 利用热风枪稍微加热刀尖。

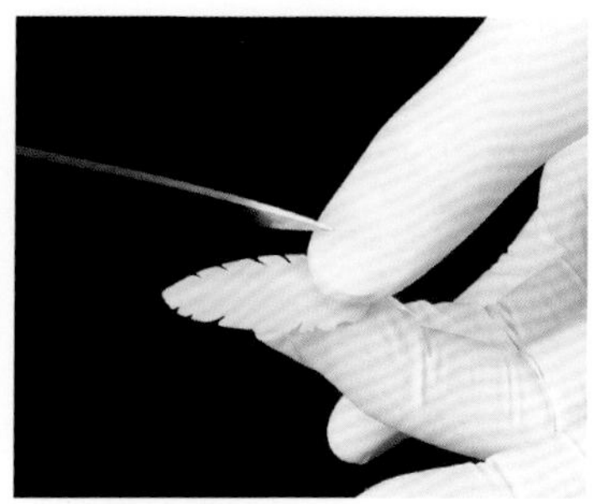

23. 羽毛装饰凝固成形后，撤掉透明贴纸，使用小刀刻画羽毛。

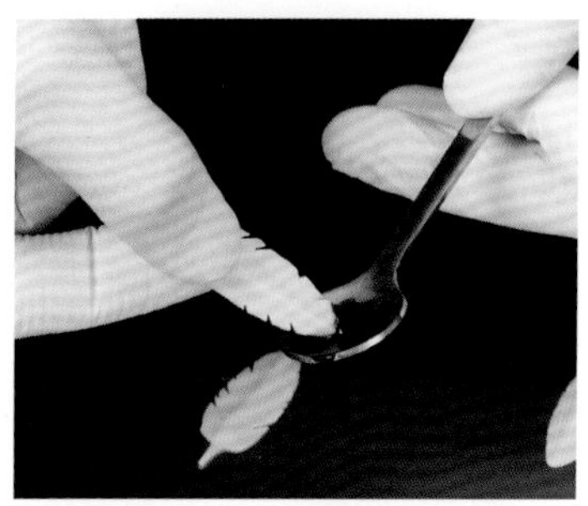

24. 羽毛尖端稍微沾点儿彩色可可脂（黑色），再次凝固。

Tip

⑳ 将透明贴纸放在有湿气的平面上，这样透明贴纸就固定不动了，非常方便。

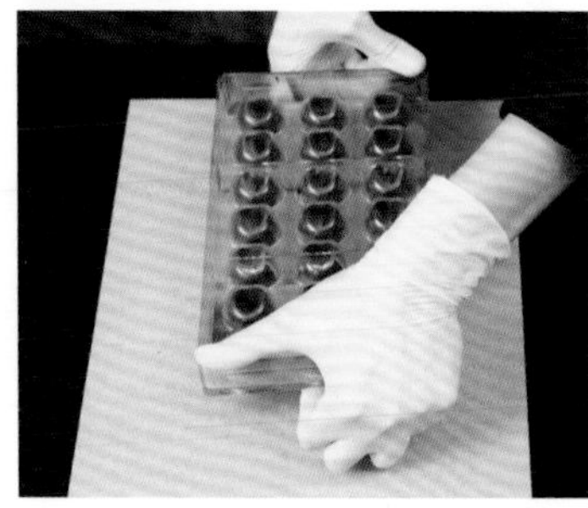

25. 冰箱内巧克力和模具完全分离后，倒扣模具取出巧克力。

26. 在巧克力盘中间稍微挤点巧克力。

27. 放上帽子形状的巧克力，固定。

28. 帽子侧面也少挤点巧克力。

29. 在挤了巧克力的地方放上羽毛装饰，喷上瞬间冷却剂使其完全固定。

Cowboy

16 雪人巧克力

这是一款有着尖尖鼻子的雪人巧克力，还能刻画丰富的雪人表情。

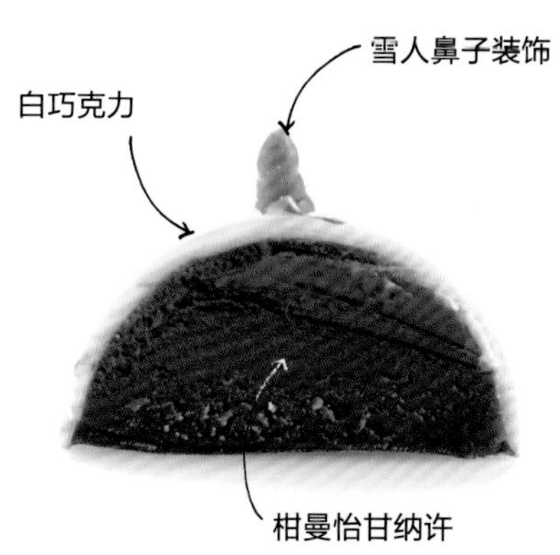

雪人巧克力

尺寸	直径3厘米，高1.7厘米
工具	直径为3厘米的半球模具（巧克力世界，2022），喷枪和压缩机，热风枪，透明贴纸，瞬间冷却剂，茶匙
原料 （约40个的量）	◦ 柑曼怡甘纳许：白巧克力（嘉利宝 823 33.6%）108克，动物奶油72克，可可液块36克，柑曼怡18克 ◦ 入模：白巧克力适量，黑巧克力适量，彩色可可脂适量（白色） ◦ 雪人鼻子装饰：白巧克力适量，脂溶性色素粉适量（红色、黄色）
准备工作	• 提前将模具清洗，磨光。第46页 • 完成白巧克力和黑巧克力调温。第34页 • 完成模具中用到的彩色可可脂制作并调温。第42页 • 装饰中用到的色素要分别和白巧克力混合，并完成调温。第62页

如何制作柑曼怡甘纳许

1. 白巧克力和可可液块装入容器，放在微波炉内熔化 70% 左右。奶油加热到 60℃。

2. 搅拌 1 的原料，感觉温度下降时加入柑曼怡，稍微搅拌。

3. 使用手持搅拌器搅打至混合物变光滑，至此甘纳许的制作也就完成了。

如何上色

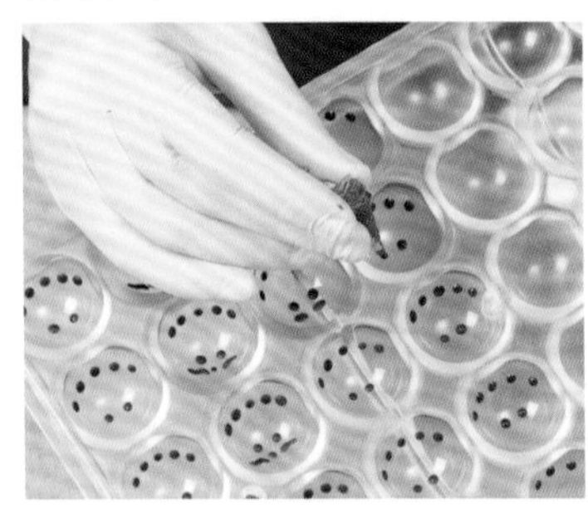

4. 利用调温后的黑巧克力画雪人的眼镜、鼻子和嘴巴。

5. 利用喷枪喷涂彩色可可脂（白色），给模具上色后凝固定形。

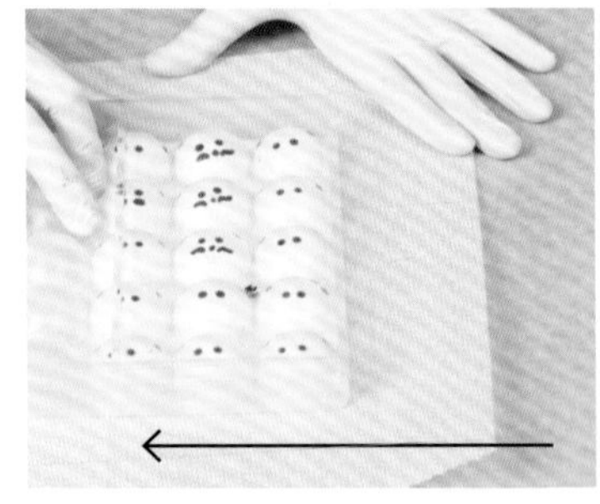

6. 将模具倒放在铺了厨房纸的平面上，顺着一个方向推，擦掉沾在模具上的多余的色素。

Tip

⑥ 也可以用刮刀刮掉多余的色素。

首轮入模

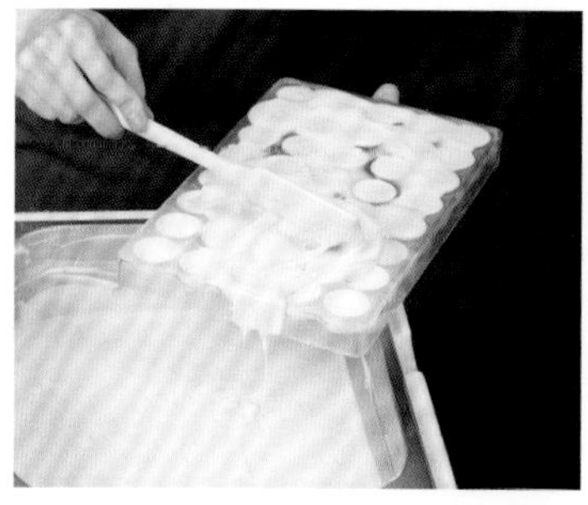

7. 模具中均匀地倒入调温后的白巧克力。

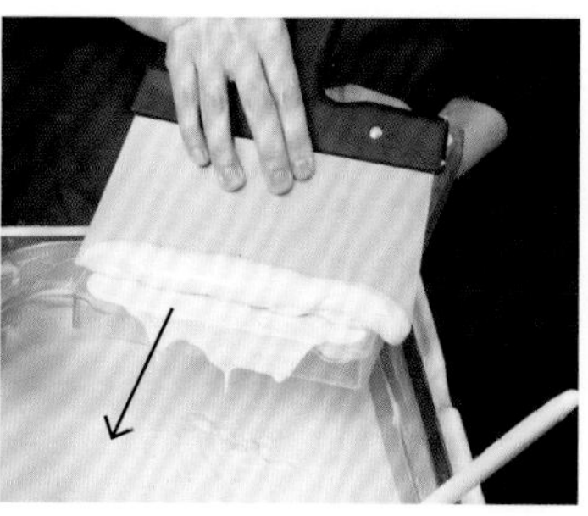

8. 用刮刀在模具上方刮一遍，使巧克力变平整。

9. 利用刮刀敲击模具边缘，消除气泡。

10. 倒置模具，敲击模具侧面，将巧克力倒出，然后再将模具倒放在烘焙纸上，凝固巧克力硬壳。

如何填充

11. 巧克力硬壳凝固后，填充模具体积 90% 的甘纳许。

次轮入模

12. 为了使巧克力之间更为贴合、牢固，利用热风枪稍微熔化巧克力，再均匀地抹上调温后的黑巧克力。

如何制作雪人的鼻子

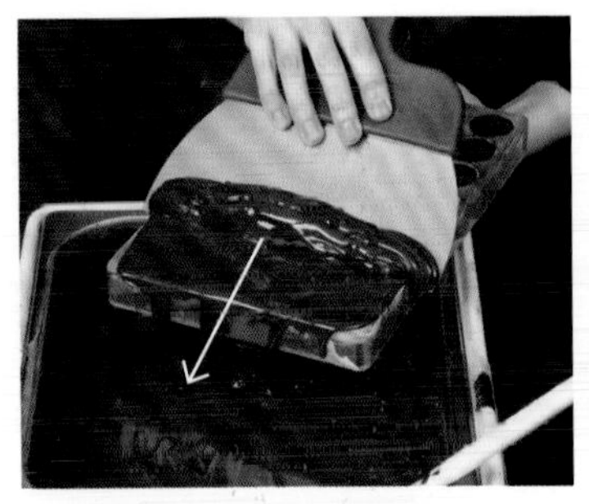

13. 模具上方用刮刀刮干净，处理掉沾着的多余的巧克力，再送入冰箱冷却 15~20 分钟。

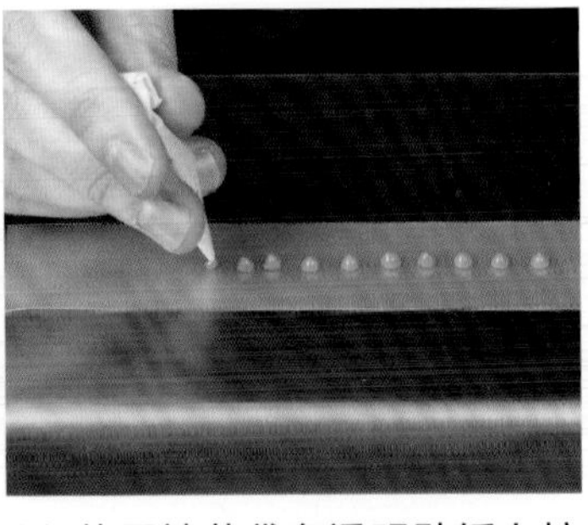

14. 使用裱花袋在透明贴纸上挤小圆点，制作雪人的鼻子，用的是混合了黄色、红色色素的白巧克力。

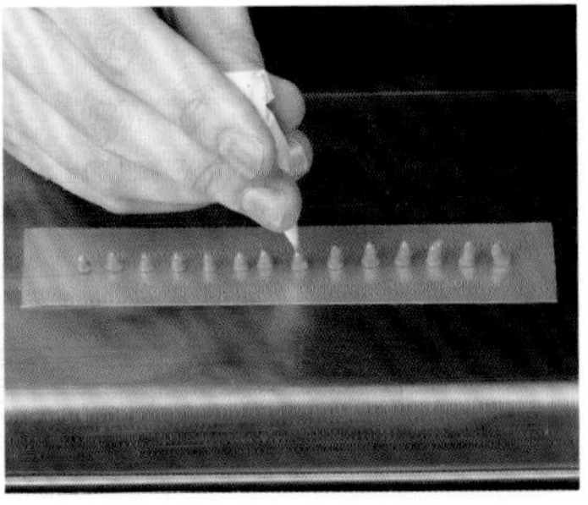

15. 重复 3~4 次，直到雪人的鼻子变高，再凝固定形。

如何收尾

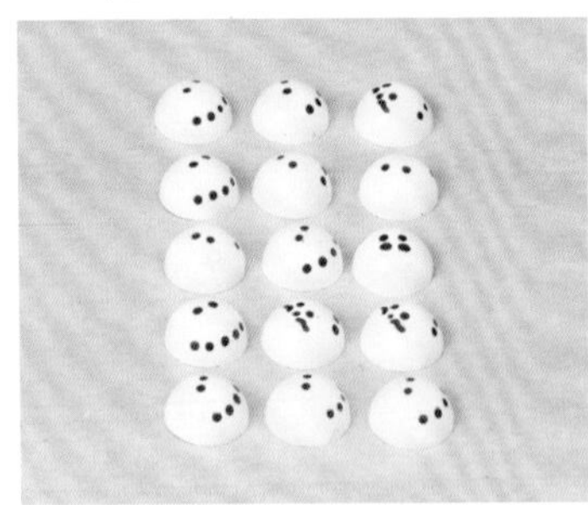

16. 待冰箱里冷却的巧克力和模具完全分离，将巧克力拿出脱模。

17. 使用热风枪加热茶匙。

18. 将做好的雪人鼻子利用加热过的茶匙稍稍熔化，再放到巧克力中间，定形。

Tip

⑱ 在半球形巧克力上粘装饰品时，要用类似勺子的圆弧状面，因为使用相似形状制作出来的成品完成度才更高，更利落。

Snowman

17 蜜蜂巧克力

这款巧克力做了蜜蜂特有的黄色身体、黑色条纹和可爱的翅膀，香甜的蜂蜜和雷伯爵茶甘纳许的芳香在口中相互融合。

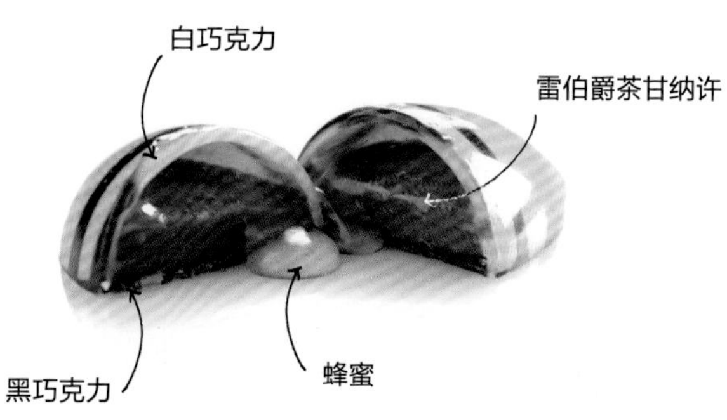

蜜蜂巧克力

尺寸	长5厘米，宽2.5厘米
工具	模具（巧克力世界，1673），L型刮刀，喷枪和压缩机，透明贴纸，切水滴模型工具（长1.7厘米，宽2.7厘米），瞬间冷却剂
原料 （24~26个的量）	◦ 蜂蜜填充物：洋槐蜜50克，葡萄糖3克 ◦ 雷伯爵茶甘纳许：牛奶巧克力（嘉利宝 823 33.6%）44克，动物奶油42克，无盐黄油8克，雷伯爵茶2克 ◦ 入模：黑巧克力适量，白巧克力适量，彩色可可脂适量（黄色） ◦ 翅膀装饰：黑巧克力适量
准备工作	• 提前将模具清洗，磨光。第46页 • 将入模用的黑巧克力、白巧克力提前调温。第34页 • 提前做好彩色可可脂并调温。第42页 • 黄油放于室温软化。

如何制作**蜂蜜填充物**

1. 奶锅中加入洋槐蜂蜜和葡萄糖，煮沸后马上离火冷却，制作完成。

如何制作**雷伯爵茶甘纳许**

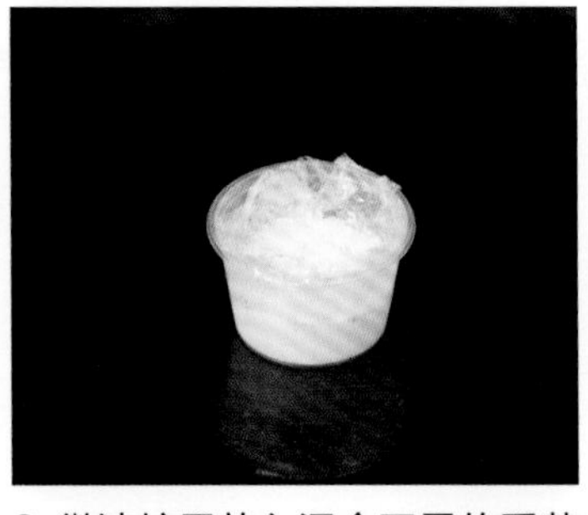

2. 微波炉里放入混合了雷伯爵茶叶的奶油，加热 30 秒。容器内不再接触湿气，表面用保鲜膜包住，浸泡 20 分钟。

3. 牛奶巧克力放在微波炉内加热熔化 70%，然后将 2 过筛，加入其中，并用刮刀搅拌均匀。

4. 甘纳许的温度降到 34℃以下后，放入软化后的黄油，使用手持搅拌器搅拌均匀，甘纳许就做好了。

如何制作**翅膀装饰物**

5. 将少量调温后的黑巧克力放于透明贴纸上。

6. 利用 L 型刮刀擀成 1~2 毫米的薄片。

Tip

❻ 和大理石冷却法相比，在塑料板上制作巧克力，凝固速度慢，但便于制作。

7. 巧克力冷却到用手触摸时只稍稍留下一点点指纹的程度。

8. 使用切水滴模型工具尽量快速裁切。

9. 切好之后把烘焙纸盖到巧克力上面。

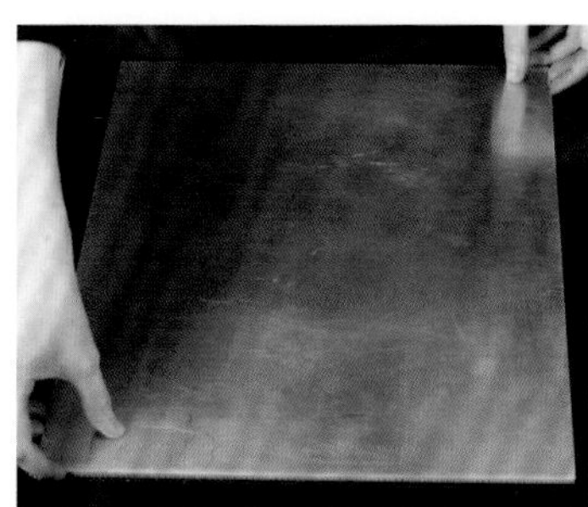

10. 烘焙纸上盖上厚实、平坦的工具，再送入冰箱，凝固 20 分钟。

11. 取出凝固好的水滴形状的翅膀装饰。

如何上色

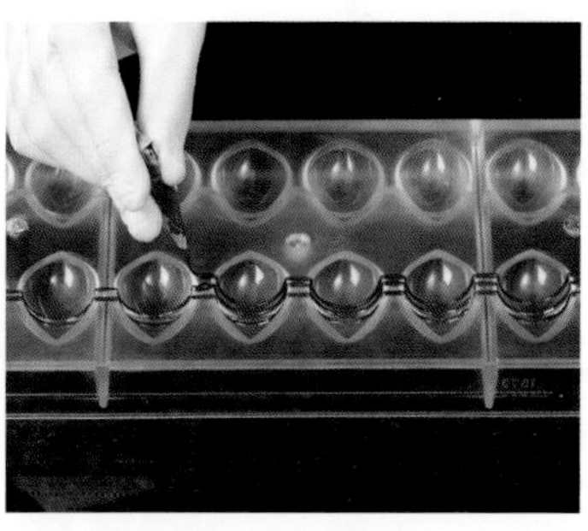

12. 使用调温后的黑巧克力，挤三行蜜蜂身上的黑条纹。

Tip

⑩ 巧克力凝固后体积会缩小，如果不用厚重的工具压住，凝固后巧克力边角会向上卷起。

⑪ 平滑光亮的面是前面。

首轮入模

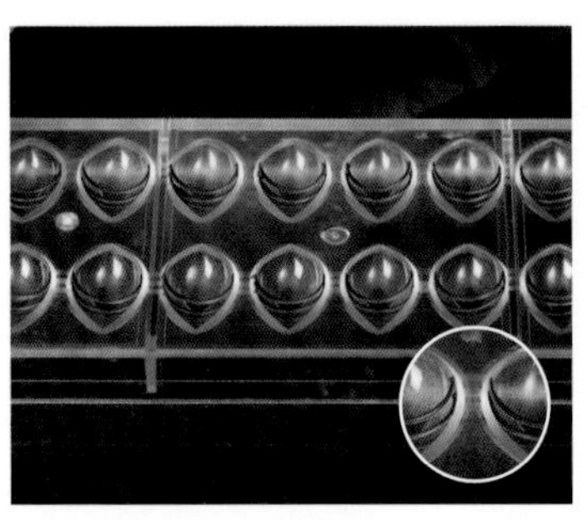

13. 巧克力完全凝固前，用刮刀整理掉多余的巧克力。

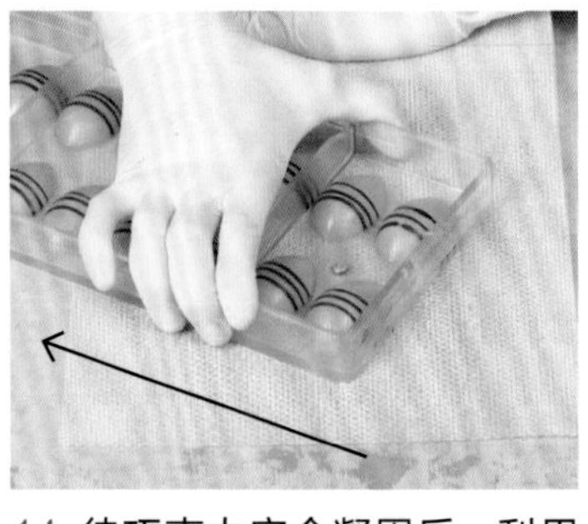

14. 待巧克力完全凝固后，利用喷枪喷涂彩色可可脂（黄色），再在厨房纸上倒置模具，往一个方向推，擦掉沾着的多余的色素。

15. 均匀地在模具上抹好调温后的白巧克力。

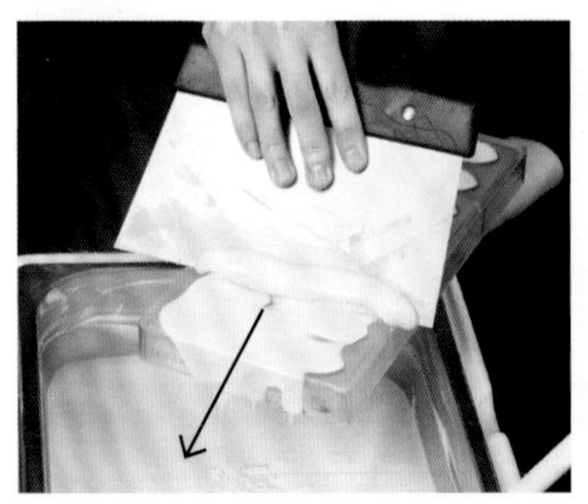

16. 利用刮刀将模具上方整理平整，再敲打模具侧面，消除气泡。

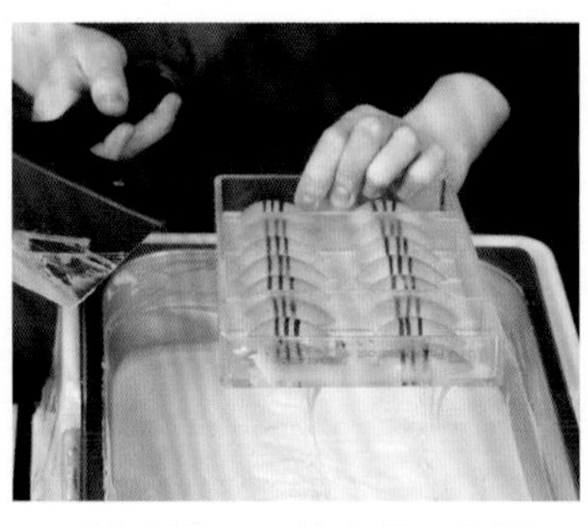

17. 倒置模具，敲击模具侧面，将巧克力倒出。

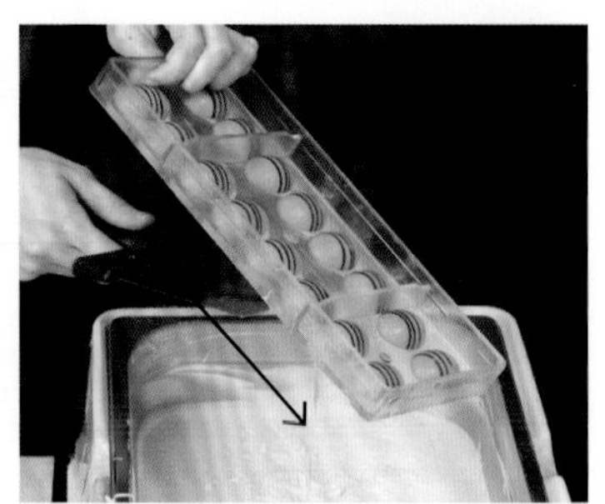

18. 擦掉沾在模具上方的多余的巧克力，再倒置模具，凝固硬壳。

Tip

⑬ 如果在巧克力完全凝固后，再整理沾着的多余的巧克力，可能连同里面应该有的巧克力都会被刮掉，所以要在巧克力凝固前去除沾在模具外面的巧克力。

次轮入模

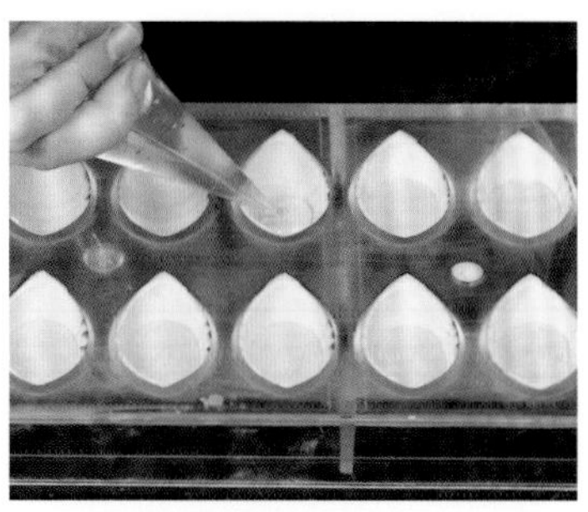

19. 在凝固后的硬壳内挤入模具体积 1/4 的蜂蜜填充物。

20. 避免蜂蜜流出，使用雷伯爵茶甘纳许填充模具的 90% 后，冷却凝固。

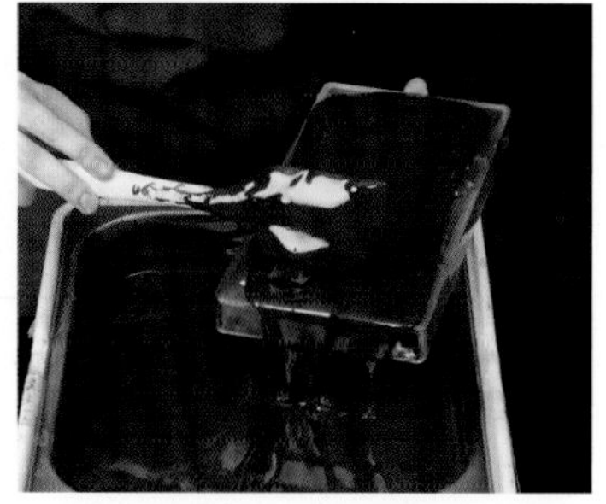

21. 为了使巧克力之间更牢固、贴合，使用热风枪稍微熔化模具中的巧克力后，再在模具内均匀的填充调温后的黑巧克力。

如何收尾

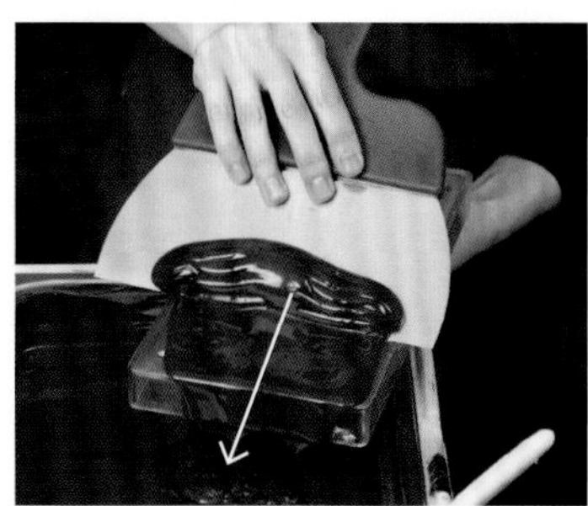

22. 用刮刀在模具上方刮一遍。

23. 模具侧面用刮刀去除沾着的多余的巧克力后，送入冰箱内冷却 15~20 分钟。

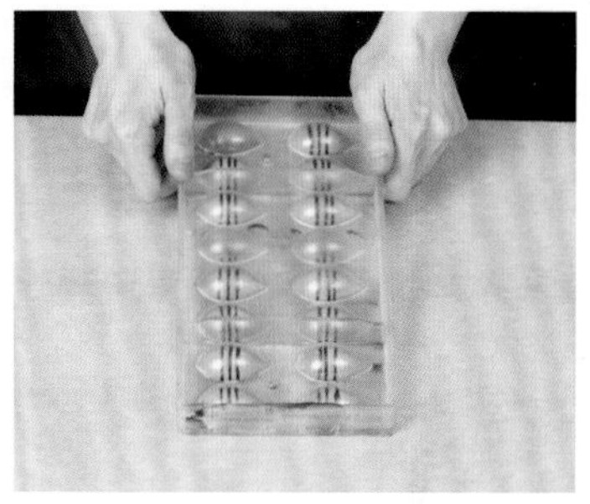

24. 冰箱内巧克力和模具完全分离后，倒置模具，将巧克力脱模。

Tip

⑲ 蜂蜜填充物和雷伯爵茶甘纳许的比例可按照自己的喜好分配。

⑳ 甘纳许要在冰箱内冷却20分钟，或常温（18~20℃）放置一天。

25. 在粘翅膀的部位，少挤点巧克力。

26. 在巧克力凝固前固定翅膀。

27. 利用瞬间冷却剂再次固定翅膀。

Honeybee

18 梅田巧克力

扁平、圆润的黑巧克力上装饰金箔，这种巧克力叫作“梅田巧克力”，也叫“金唱片”（Golden disk）。梅田巧克力的特点是用可可含量为70%以上的黑巧克力制作唱片甘纳许。

梅田巧克力

尺寸　直径3.5厘米，高1.5厘米

工具　小刀，透明贴纸，甘纳许框，切圆工具（直径约3.5厘米），L型刮刀，打磨针，刷子

原料（约10~12个的量）
- 唱片甘纳许：黑巧克力（法芙娜 圭那亚 70%）158克，动物奶油100克，转化糖30克，葡萄糖10克，无盐黄油10克
- 沾浸：黑巧克力适量（可可含量70%以上）
- 其他：食用金箔适量

准备工作
- 提前调温沾浸用的黑巧克力。第34页
- 黄油放于室温软化。

如何制作**唱片甘纳许**

1. 奶油、转化糖、葡萄糖装入容器内加热到 60℃，黑巧克力送入微波炉熔化 70% 取出。

2. 利用刮刀将 1 的原料慢慢搅拌均匀。

3. 放入软化后的黄油，用手持搅拌器混合均匀，完成甘纳许制作。

4. 托盘上铺透明贴纸，用烘焙隔离条拼成四方形，再倒入甘纳许。

5. 利用刮刀均匀地把巧克力抹入边角。

6. 使用 L 型刮刀抹平甘纳许。

Tip

③ 用手持搅拌器时，为了不卷入过多的空气，要往深处插一点。

7. 平整的甘纳许常温（18~20℃）静置一天。

如何入模

8. 在凝固的甘纳许上倒入调温后的黑巧克力，并用 L 型刮刀整理平整。

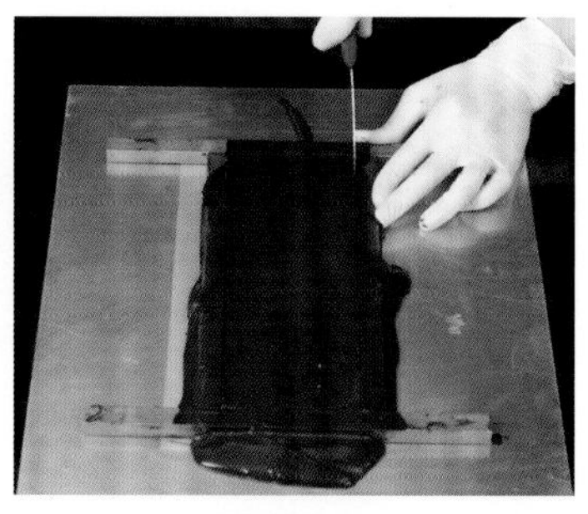

9. 再用小刀顺着边缘裁切，拿掉烘焙隔离条。

10. 铺上透明贴纸或硅胶垫，把用黑巧克力盖住的一面朝下，凝固定形。

11. 黑巧克力完全凝固后，拿掉透明贴纸。

如何裁切

12. 利用热风枪加热切圆工具。

Tip

❽ 给甘纳许的一面填入巧克力，是因为沾浸时不能保证朝下的那面会沾浸完全。

如何沾浸

13. 使用加热过的切圆工具裁切甘纳许。

14. 铺一张透明贴纸，用来放置沾浸后的巧克力，透明贴纸的大小也要提前计算好。

15. 将黑巧克力进行调温，浓度稀一点方便沾浸，放入裁切后的甘纳许，这时已填充黑巧克力的一面朝上。

16. 用打磨针将甘纳许翻面后拿出来，由于翻转了一次，此时用黑巧克力填充的一面是朝下的。

17. 甘纳许放在打磨针上，使巧克力没过一半的甘纳许，并重复这个过程。

18. 稍微敲敲打磨针，使多余的巧克力流掉。

Tip

⑬ 用热风枪加热切圆工具，重复裁切。如果不加热切圆工具直接裁切，会使产品边缘不干净。

⑮ 沾浸过程中，甘纳许适宜的温度为20℃。甘纳许的温度也会影响沾浸巧克力的厚度和光泽。

⑰ 来回沾浸拿出甘纳许是为了消除气泡，并使巧克力不厚重，薄薄地覆盖甘纳许。

如何收尾

19. 完成沾浸的巧克力，底面用不锈钢碗壁整理干净并拿出。

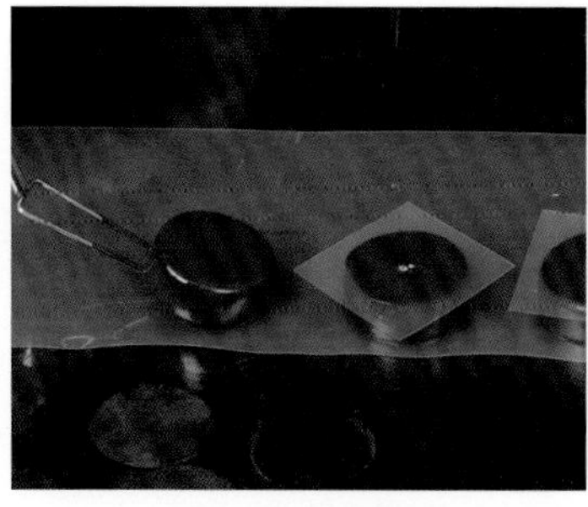

20. 小心地把沾浸后的巧克力放在透明贴纸上。

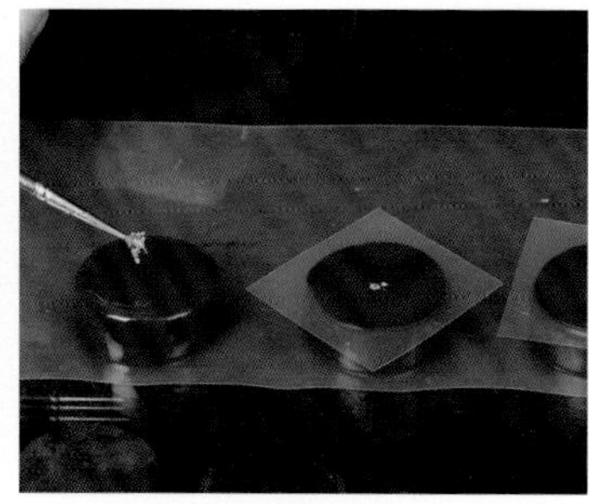

21. 利用夹子放好金箔。

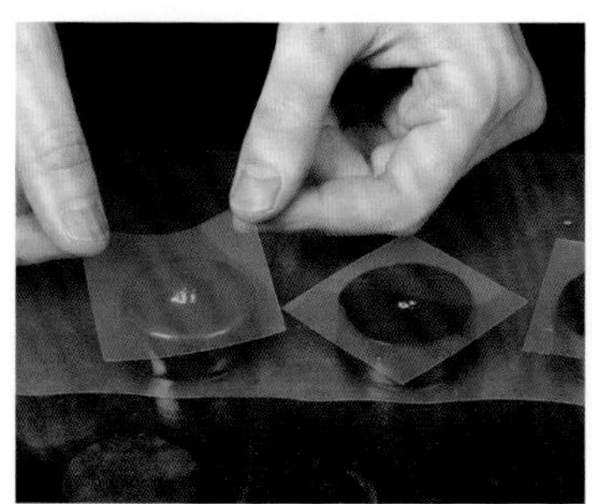

22. 盖上剪好的透明贴纸。

23. 最好上面再压一个工具，使巧克力更扁平。

24. 将做好的梅田巧克力送入冰箱，凝固 10~15 分钟后，拿掉透明贴纸。

Tip

㉔ 拿掉贴纸时要尽量一次快速利索地拿掉。速度慢了或者中间停顿了，巧克力上都会留下透明贴纸的痕迹。

19 萌芽巧克力

这款巧克力用可可碎和萌芽装饰做了从土里冒出来的嫩芽。感受香浓的抹茶和艾草粉结合而制成的微苦但柔和的甘纳许，外加酥脆的可可碎带来的无限风味。

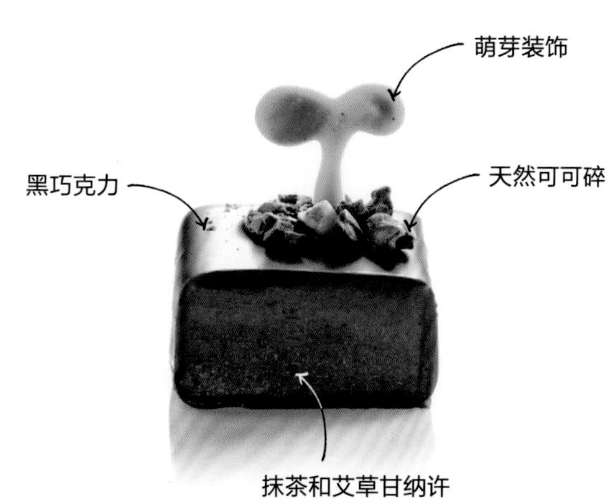

萌芽巧克力

尺寸　长2.5厘米，宽2.5厘米，高1厘米，整体高2.5厘米（包括萌芽装饰）

工具　浸渍叉，透明贴纸，甘纳许框，L型刮刀，一字刮刀，小刀，尺子，热风枪，半球框

原料（约40个的量）

- 抹茶和艾草甘纳许：白巧克力（法芙娜 白巧克力 35%）200克，动物奶油90克，转化糖12克，可可脂10克，无盐黄油10克，抹茶粉10克，艾草粉3克，君度酒5克
- 沾浸：黑巧克力适量
- 萌芽装饰：白巧克力适量，脂溶性色素粉适量（绿色）
- 其他：天然可可碎适量

准备工作

- 提前将沾浸用的黑巧克力调温。第34页
- 色素和白巧克力混合后调温。第62页
- 磨好可可碎。第208页
- 黄油放于室温软化。

如何制作抹茶和艾草甘纳许

1. 奶油中加入抹茶粉、艾草粉，用打蛋器混合均匀，加入转化糖加热到 60℃，离火。

2. 白巧克力和可可脂送入微波炉熔化 70%，然后用刮刀混合均匀，倒入 1 的原料，再次搅拌。

3. 甘纳许温度降到 34℃后放入君度酒和黄油，使用手持搅拌器搅拌。

4. 托盘上平铺透明贴纸，用烘焙隔离条做成四方形，倒入甘纳许。

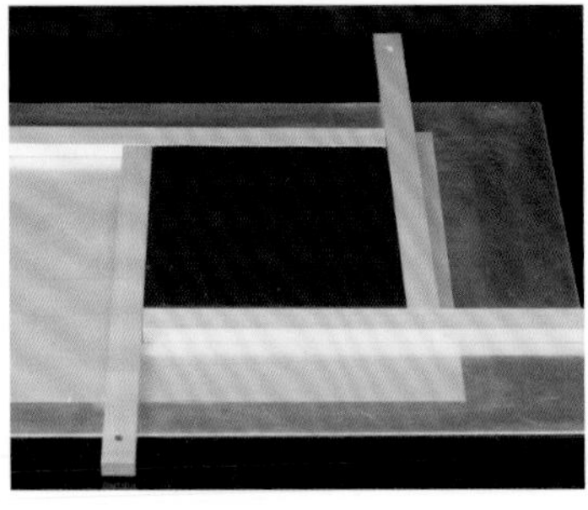

5. 甘纳许在常温（18~20℃）下放置一天。

如何制作天然可可碎

6. 完成天然糖果可可碎的制作，掰成小块。

如何入模

7. 甘纳许凝固后，倒入调温后的黑巧克力，再用 L 型刮刀整理匀称。

8. 用小刀裁切巧克力边缘，移开烘焙隔离条。

9. 填充了黑巧克力的那面完全凝固后，翻转过去，再凝固另一面。

10. 黑巧克力完全凝固后，拿掉透明贴纸，利用尺子和小刀划出裁切线。

如何裁切

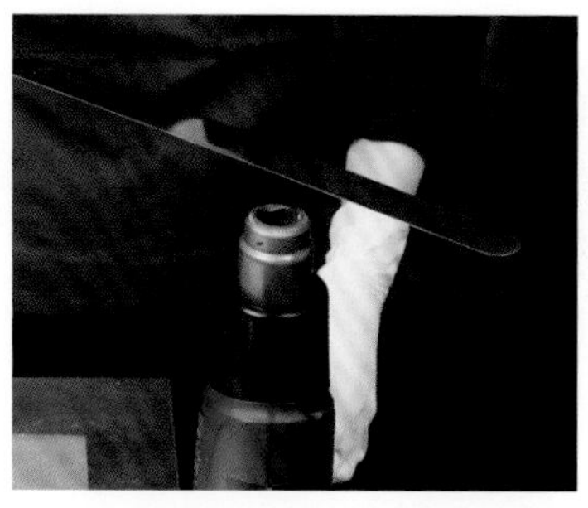

11. 利用热风枪稍微加热刮刀。

12. 使用加热过的刮刀裁切甘纳许。

Tip

⑫ 也可用刀代替刮刀，推荐使用刀背厚度一致的刀具，因为刀背厚度不一致很难切出正方形。

如何沾浸

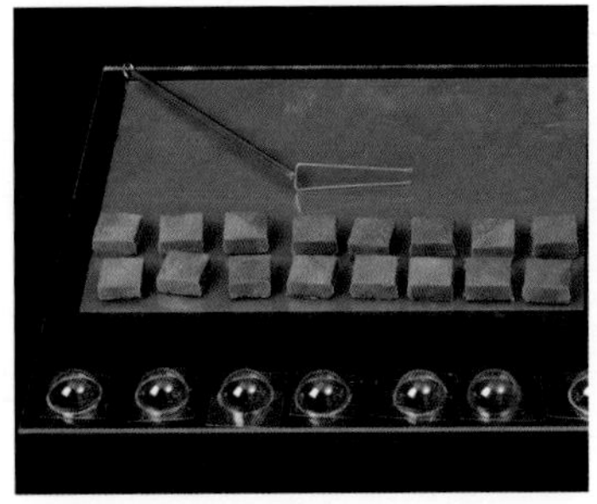

13. 提前铺好放置巧克力的透明贴纸，也把塑料剪成一个一个的半球。

14. 黑巧克力调温到适合沾浸的浓度，放入裁切后的甘纳许。

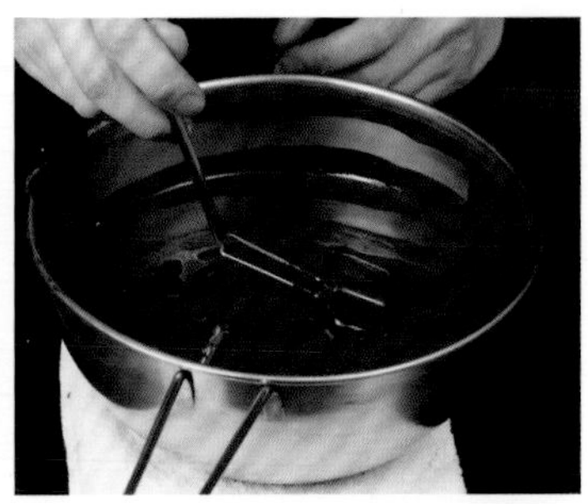

15. 利用浸渍叉将甘纳许翻面，这时填充了黑巧克力的那面朝下。

16. 震动浸渍叉，清除多余的巧克力。

17. 再用浸渍叉将下面的巧克力利用不锈钢碗壁刮掉，并将甘纳许拿出。

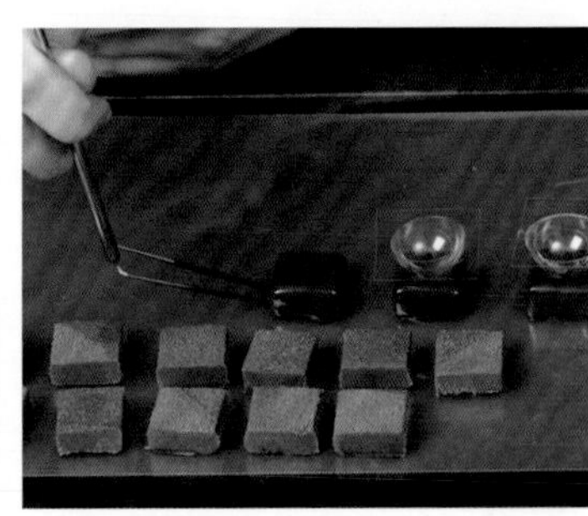

18. 小心地把沾浸后的巧克力摆到透明贴纸上。

Tip

⑭ 甘纳许适宜沾浸的温度为20℃左右，甘纳许的温度会影响沾浸后的巧克力的厚度和光泽。

⑯ 浸渍叉托住甘纳许，来回沾浸甘纳许的一半，重复这个过程。来回沾浸拿出甘纳许是为了消除制作过程产生的气泡，并保证薄沾巧克力，成品不厚重。

如何制作**萌芽装饰**

19. 巧克力完全凝固前，中间放上提前准备好的半球。

20. 完全凝固后去除塑料半球，中间形成一个往里凹的半圆。

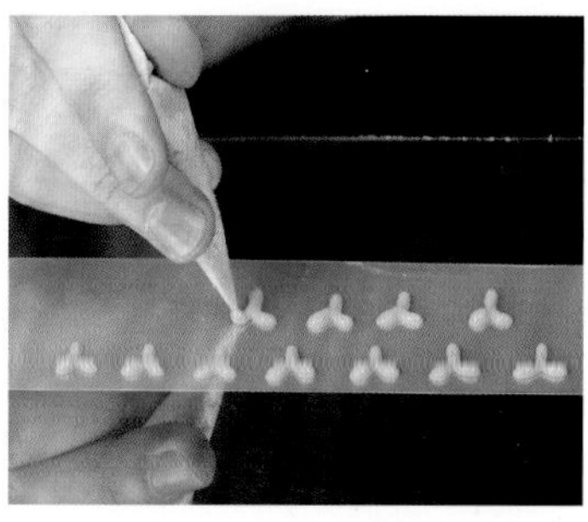

21. 用混合了绿色色素的白巧克力挤出萌芽形状，并凝固定形。

如何**收尾**

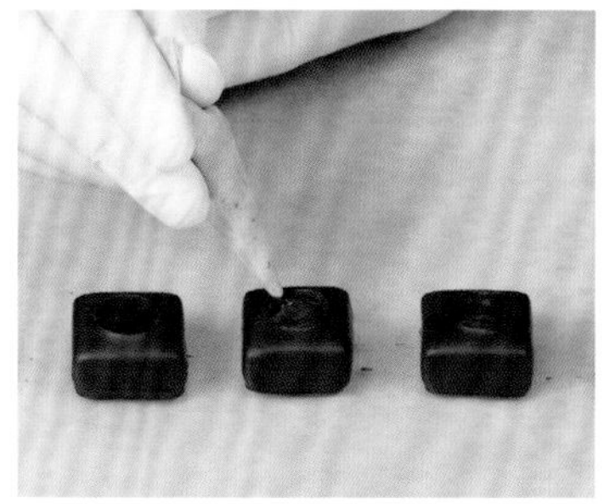

22. 半圆内少挤点巧克力。

23. 巧克力凝固前撒上糖果可可碎，呈现出土壤的样子。

24. 中间再放上萌芽装饰，定形。

Tip

⑲ 这里用到的半球模型是圆巧克力硬壳的塑料包装。购买巧克力硬壳时将包装留下来，以后用着也方便。

20 宝石巧克力

曼扎里甘纳许和血橙果冻叠加制成的三层巧克力。表面圆洞里有花花绿绿的颜色，并做了宝石的效果。

宝石巧克力

尺寸　长2.5厘米，宽2.5厘米，高1厘米

工具　浸渍叉，透明贴纸，3个厚度为3毫米的丙烯条框，L型刮刀，小刀，热风枪，半球框

原料（约32个的量）

- 曼扎里甘纳许：黑巧克力（法芙娜 曼特尼 64%）92克，奶油68克，无盐黄油18克，转化糖14克
- 血橙果冻：血橙果酱56克，果胶2克，砂糖A 7克，砂糖B 49克，葡萄糖3克，酒石酸1克，热水2克
- 沾浸：黑巧克力适量
- 其他：彩色可可脂适量（3种）

准备工作

- 黑巧克力提前完成调温。第34页
- 提前做好彩色可可脂并调温。第42页
- 酒石酸放入热水（2克）中融化。
- 黄油放于室温软化。

如何制作**血橙果冻**

1. 奶锅中加入葡萄糖和血橙果酱，用中火加热到 40℃。

2. 砂糖 A 和果胶混合，慢慢地加入到 1 里，并用打蛋器混合煮沸。

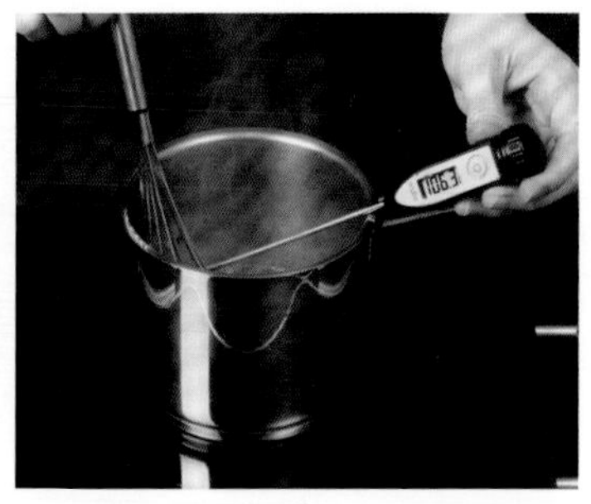

3. 奶锅中的原料要一直用打蛋器搅拌；接着慢慢地加入砂糖 B，煮沸到 106℃。

4. 离火后加入用水融化过的酒石酸，再次搅拌均匀。

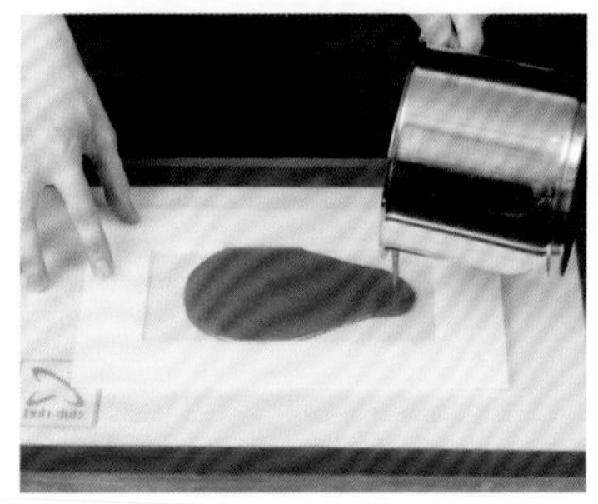

5. 重新放到明火上煮沸到冒泡后离火，快速倒在硅胶垫上的丙烯条框中，然后静置冷却。

如何制作**曼扎里甘纳许**

6. 奶油和转化糖加热到 60℃后离火。黑巧克力放在微波炉内加热熔化 70%。

Tip

❷ 一次性加入果胶可能结块，所以要一点一点的和砂糖同时搅拌均匀。

❺ 速度慢了可能结块凝固，所以离火后要马上倒到丙烯条框内。

如何叠层

7. 黑巧克力中缓慢加入 6，同时搅拌均匀。

8. 温度降到 34℃后，加入软化好的黄油，再用手持搅拌器搅拌。

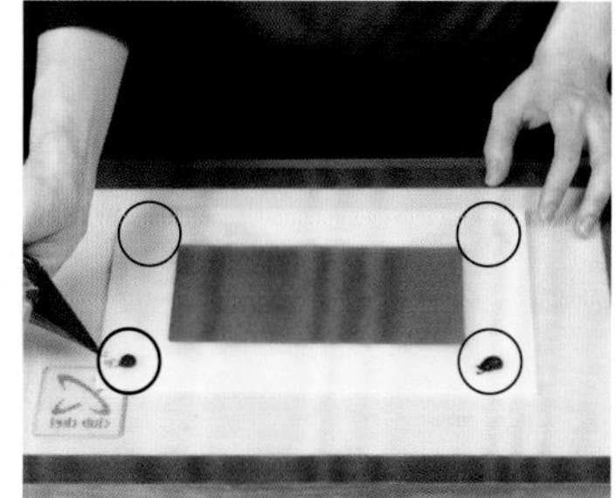

9. 条框边角处稍微挤点巧克力。

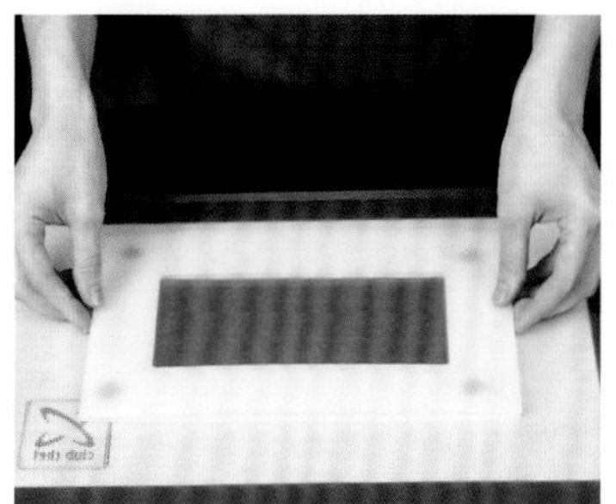

10. 再放上一个条框，固定。

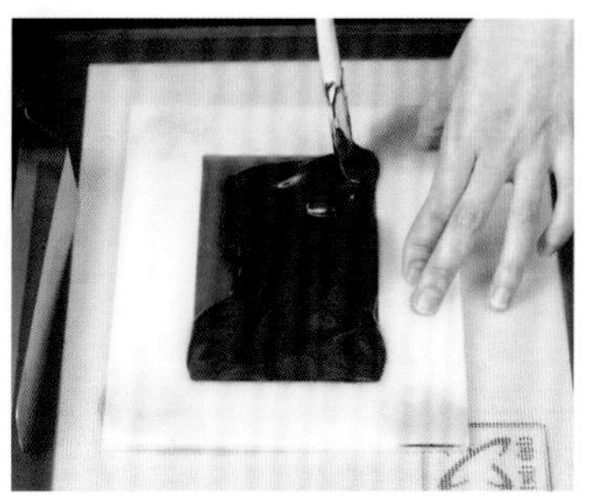

11. 将做好的曼扎里甘纳许均匀地抹到边角。

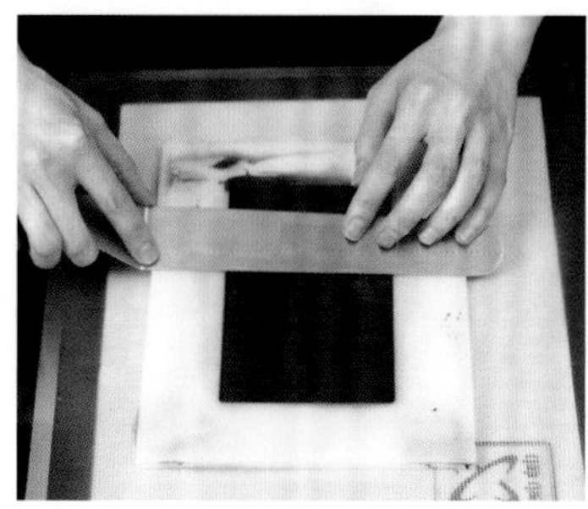

12. 利用 L 型刮刀刮平。

Tip

9 曼扎里甘纳许上叠加血橙果冻可能导致甘纳许分离或果冻熔化，所以第一步要做血橙果冻。

11 制作叠层时最好用中间是长方形的条框。

13. 上面放特氟龙高温布或硅胶烘焙垫，再放托盘盖住，然后倒过来使血橙果冻在上面。

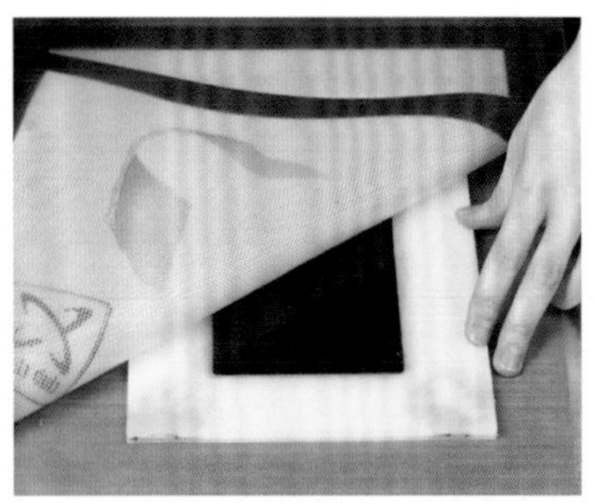

14. 拿掉硅胶烘焙垫。

15. 再放一个四方形条框。

16. 再抹一遍曼扎里甘纳许。

17. 利用L型刮刀刮平，室温（18~20℃）放置一天。

18. 将黑巧克力抹在凝固好的甘纳许上，再用L型刮刀整理平整。

Tip

⑱ 最终产品是以曼扎里甘纳许、血橙果冻、曼扎里甘纳许、黑巧克力的顺序叠层的。

19. 将巧克力覆膜的那面向下，再用小刀裁切巧克力拿掉条框。

如何裁切

20. 黑巧克力完全凝固后，使用吉他弦或小刀裁切成正方形。

如何上色

21. 调温彩色可可脂（3种）。

22. 给半圆形的塑料壳刷彩色可可脂，充分风干。

如何沾浸

23. 黑巧克力调温到适宜沾浸的浓度，然后放入甘纳许；甘纳许那面向下。

24. 利用浸渍叉将甘纳许翻面提起，这次巧克力覆膜的那面向下。

Tip

㉒ 可可脂完全风干后再沾浸巧克力上色。

㉓ 适宜沾浸的甘纳许温度为20℃左右，甘纳许的温度对沾浸的巧克力厚度和光泽度也有影响。

㉔ 利用浸渍叉，放入巧克力再拿出来，来回放入再取出是为了消除气泡，并且使沾浸的巧克力覆膜薄。

25. 稍微敲敲浸渍叉抖落巧克力，底面用不锈钢碗壁整理干净再拿出巧克力。

26. 小心地将沾浸后的巧克力放在透明贴纸上。

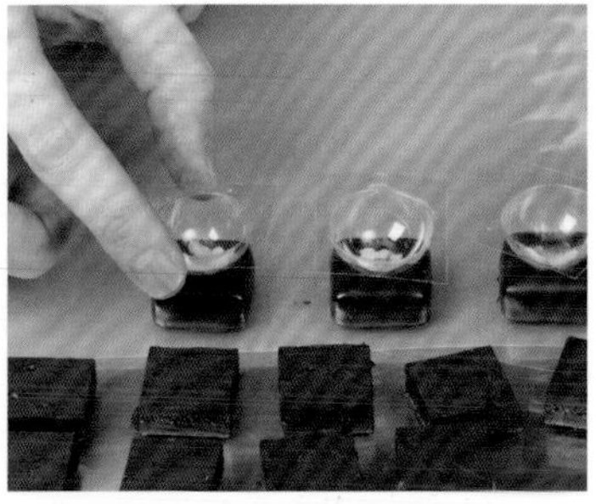

27. 趁巧克力凝固前，把涂了彩色可可脂的半球模具放在上面，冷却凝固。

28. 巧克力完全凝固后，拿掉半球模具。

Tip

㉗ 我用的半球模具是装巧克力硬壳的塑料，买巧克力硬壳时可以把包装留着，方便后续使用。

㉘ 若没等巧克力完全凝固就拿掉半球模具，可能使色素和巧克力不完全融合，导致掉色。

Jewel

21 火烈鸟巧克力

火红的树莓装饰，尽显华丽的一款浓情巧克力。将树莓的清爽和榛子甘纳许的香甜巧妙结合。

火烈鸟巧克力

尺寸	长3厘米，宽3厘米，高1厘米，整体高度4厘米（包括树莓装饰）
工具	模具（Martellato，MA1988），L型刮刀，半球硅胶模具，瞬间冷却剂
原料（约24个的量）	◦ 榛子甘纳许：吉安杜佳巧克力（法芙娜 榛子 35%）61克，牛奶巧克力（法芙娜 吉瓦纳 40%）17克，动物奶油33克，榛子果仁糖11克，转化糖3克 ◦ 树莓装饰：树莓果酱54克，水10克，砂糖10克 ◦ 入模：黑巧克力适量
准备工作	• 入模的黑巧克力提前调温。第34页

如何制作榛子甘纳许

1. 奶锅中加入奶油、转化糖，加热到 60℃后离火。

2. 吉安杜佳巧克力、牛奶巧克力送入微波炉熔化 70%，然后和 1 混合。

3. 再加入榛子果仁糖，使用手持搅拌器混合，完成甘纳许的制作。

首轮入模

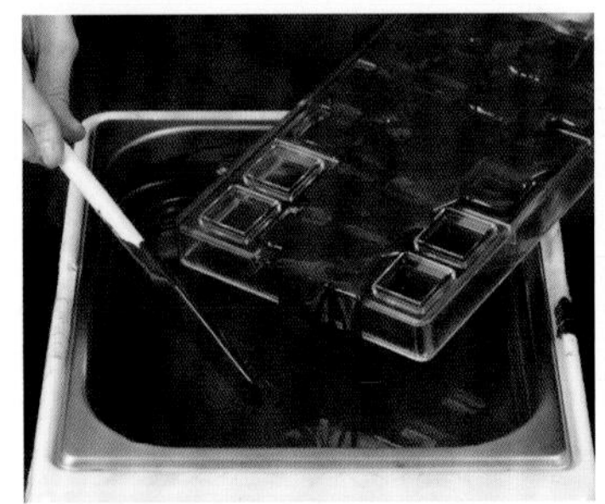
4. 模具中均匀地抹好调温后的黑巧克力。

5. 使用刮刀将模具上方刮干净。

6. 再用刮刀敲击模具侧面，消除气泡。

Tip

1 加热温度超过60℃时，需加入同等损失的奶油量，匹配用量。

4 入模前用热风枪稍微加热可消除气泡，硬壳的厚度很薄。

如何填充

7. 倒扣模具，敲击模具侧面，倒出巧克力。

8. 在倒扣模具的状态下，用刮刀刮一遍，刮掉沾的多余的巧克力，然后再倒扣在烘焙纸上，凝固巧克力硬壳。

9. 在凝固好的巧克力硬壳内挤入占模具体积 90% 的甘纳许，再次凝固。

次轮入模

10. 为了使巧克力和巧克力之间更牢固服帖，先用热风枪稍微熔化模具中的巧克力，再均匀的倒入调温后的黑巧克力。

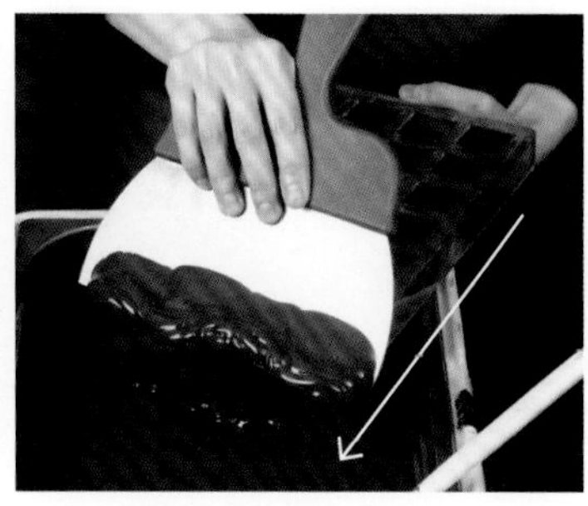

11. 使用刮刀将模具上方刮干净。

12. 再用刮刀刮掉模具边缘沾着的多余的巧克力，然后送入冰箱冷却 15~20 分钟，凝固定形。

如何制作**树莓装饰**

13. 奶锅中加入树莓果酱、水、砂糖，煮到砂糖完全融化。

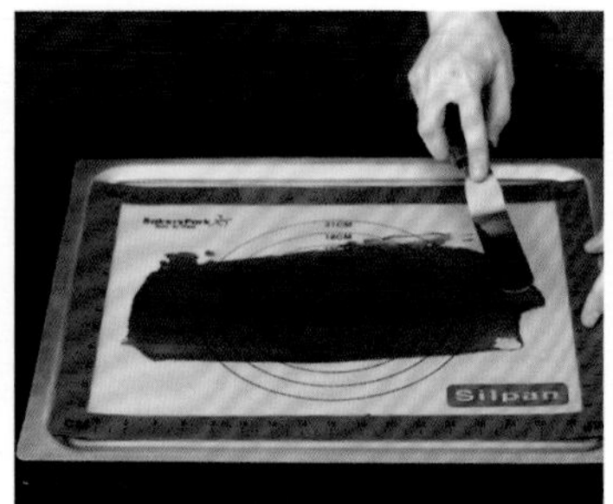

14. 煮到 120℃后，倒在烘焙硅胶垫上，用 L 型刮刀展开薄铺，凝固。

15. 薄铺后的树莓装饰送入预热 100℃的烤箱内烘烤 1 小时。

16. 从烤箱内拿出会马上变凉不好造型，所以要在打开烤箱门的状态下快速捏出造型。

17. 整理造型后，放在类似半球模具内，固定成形。

如何**收尾**

18. 冰箱内模具和巧克力完全分离后，倒扣模具将巧克力脱模。

19. 巧克力块中间少挤点巧克力。

20. 固定树莓装饰，喷瞬间冷却剂，凝固定形。

Flamingo

22 皮条巧克力棒

以金巧克力为基底，融入切碎了的培根，可咸可甜，酥脆又柔软，味道和口感都非常有料的一款巧克力，还利用葡萄糖做了皮条装饰。

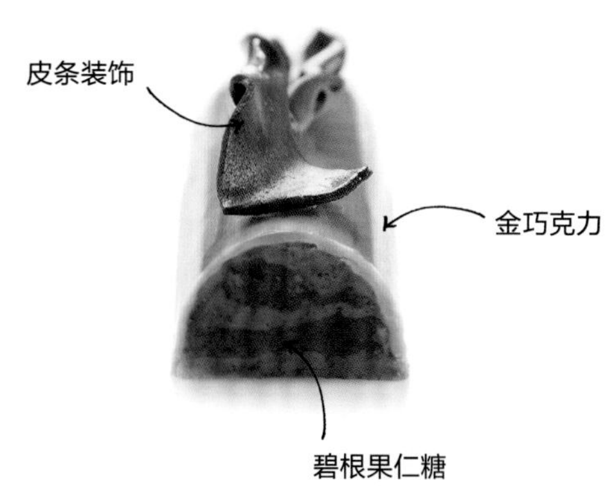

皮条巧克力棒

尺寸	长9.5厘米，宽2.5厘米，高1.5厘米
工具	模具（Martellato， MA1920），刷子，热风枪
原料 （约24个的量）	◦ 碧根果仁糖：水38克，葡萄糖45克，砂糖38克，碧根果40克，糖粉6克，牛奶巧克力（法芙娜 吉瓦纳 40%）10克，可可液块1克，可可脂5克，盐适量 ◦ 皮条装饰：翻糖180克，葡萄糖（液体）120克，可可液块120克 ◦ 入模：金巧克力（法芙娜 度思 32%）或金巧克力（嘉利宝 金巧克力 30.4%）适量 ◦ 其他：培根适量，彩色可可脂适量（黄色），食用金箔适量
准备工作	• 入模用的金巧克力，无论哪个牌子都要提前调温（和白巧克力的温度一致）。第34页 • 提前做好要用到的彩色可可脂并调温。第42页

如何制作碧根果仁糖

1. 奶锅中加入水、葡萄糖、砂糖煮到完全融化。

2. 砂糖融化后，加入碧根果混合均匀，关火，冷却 2 小时。

3. 放凉了的碧根果过筛，去除水分再铺到烘焙硅胶垫上。

4. 送入预热 160℃的烤箱内，烘烤 20 分钟后冷却。

5. 冷却后的碧根果放入料理机中研磨细腻。

6. 放入糖粉再研磨一遍，最终状态呈面糊状。

Tip

❺ 料理机性能不同，研磨出来的果仁糖颗粒粗细也有差异。

培根的处理方法

7. 牛奶巧克力和可可脂一起混合调温后，加入熔化的可可液块和盐，再混合均匀。

8. 利用手持搅拌器混合 6 和 7，完成碧根果仁糖的制作。

9. 在铺了烘焙纸的烤盘上铺好培根。

如何制作皮条装饰

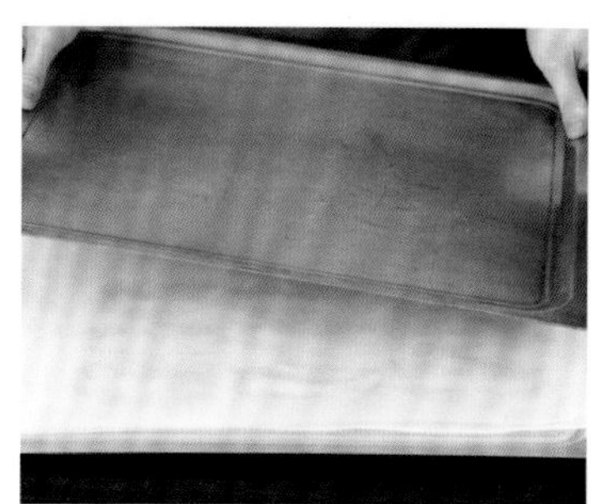

10. 再放一层烘焙纸，盖上托盘，送入预热 170℃的烤箱烤到培根口感酥脆，时间 10~20 分钟。

11. 放凉了的培根切小块，备用。

12. 奶锅中加入葡萄糖，翻糖煮到 160℃后离火。

13. 加入可可液块，搅拌均匀。

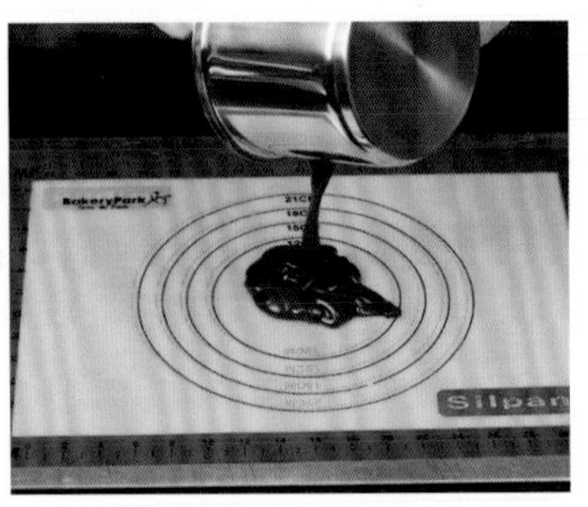

14. 和可可液块混合好后，竖直倒在烘焙硅胶垫上。

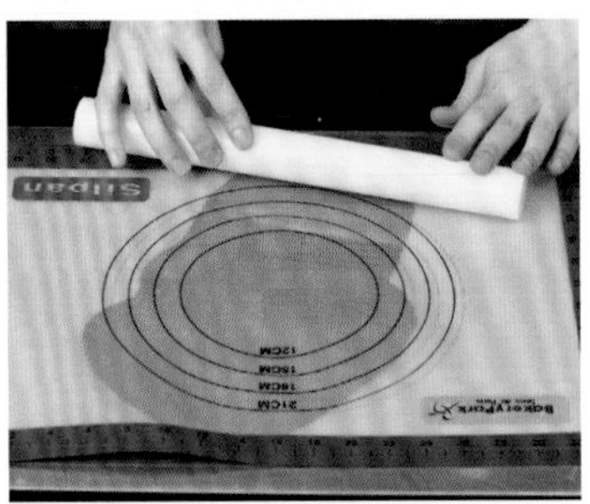

15. 盖一层烘焙硅胶垫，快速用擀面杖擀成薄片。

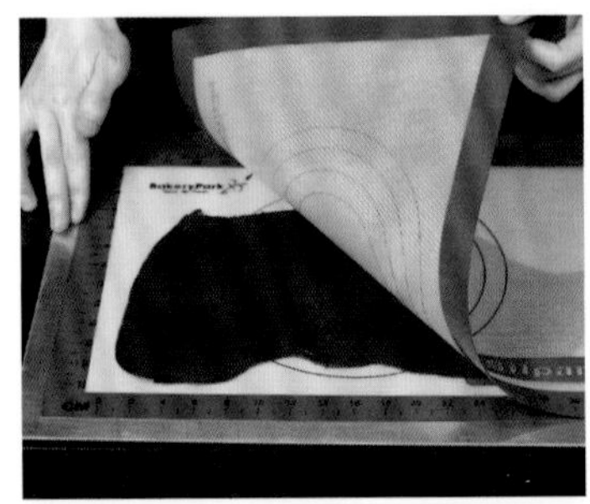

16. 可可液块凝固后，拿掉上面盖着的烘焙硅胶垫。

17. 切成适当的大小，送入预热100℃的烤箱内烘烤 2~3 分钟，直到质地变软。

18. 巧克力凝固前快速造型，再定形凝固。

Tip

⑮ 巧克力凝固的速度很快，所以需要尽可能快地擀成薄片。

⑱ 巧克力如果凝固了，最好重新送入烤箱烤到变软再造型。

如何上色

19. 利用彩色可可脂（黄色）一行一行地薄涂。

20. 可可脂干了以后，再薄涂 1~2 遍，上色后风干。

首轮入模

21. 模具内挤入调温后的金巧克力。

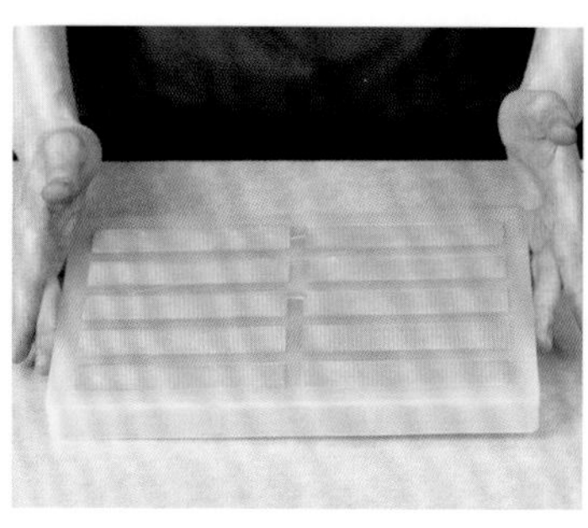

22. 拿住模具边缘左右摇晃，消除气泡。

23. 倒扣模具，用刮刀敲击模具边缘，倒出巧克力。

24. 模具倒扣的状态下，用刮刀刮掉沾着的多余的巧克力，然后再将模具倒扣在烘焙纸上，凝固定形巧克力硬壳。

如何上色

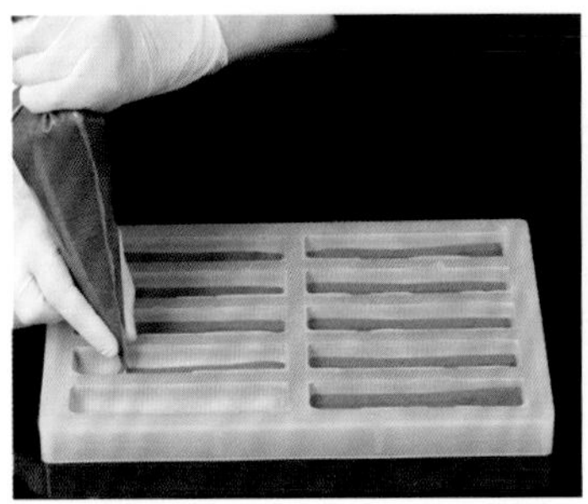

25. 在定形后的巧克力硬壳内挤入碧根果仁糖，填充模具的50%。

26. 碧根果仁糖上面撒切成小块的培根。

27. 培根上面再挤碧根果仁糖，填充模具的90%，定形凝固。

次轮入模

28. 为了使巧克力之间更服帖牢固，次轮入模前用热风枪稍稍熔化巧克力。

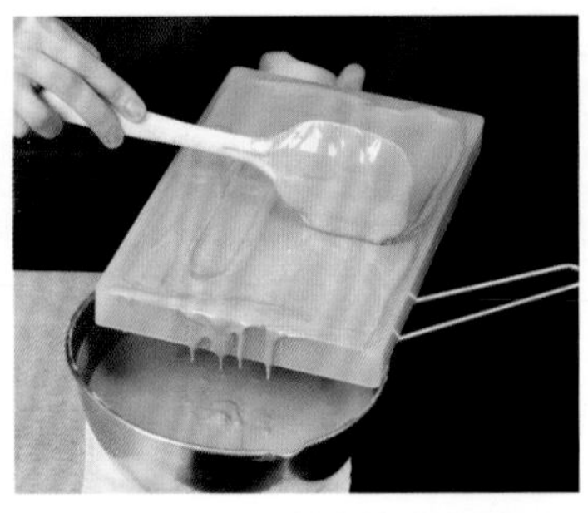

29. 模具上均匀地倒入调温后的金巧克力。

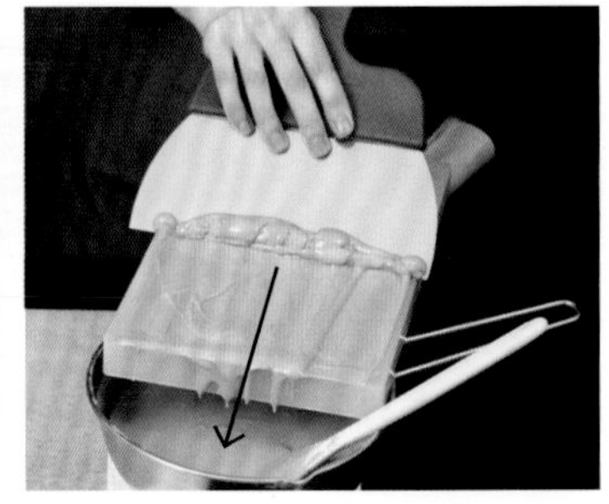

30. 再用刮刀抹一遍模具上方，将巧克力刮干净后，送入冰箱15~20分钟，凝固定形。

如何收尾

31. 在皮条装饰下面，点几点巧克力。

32. 巧克力上放皮条装饰，定形。

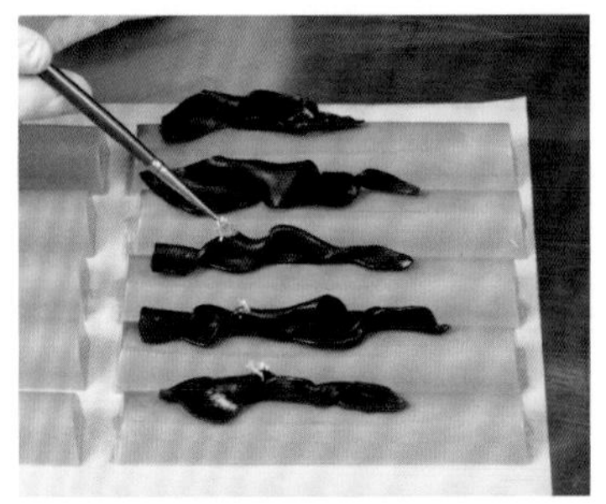

33. 皮条上面再点缀金箔做装饰。

Leather Bar

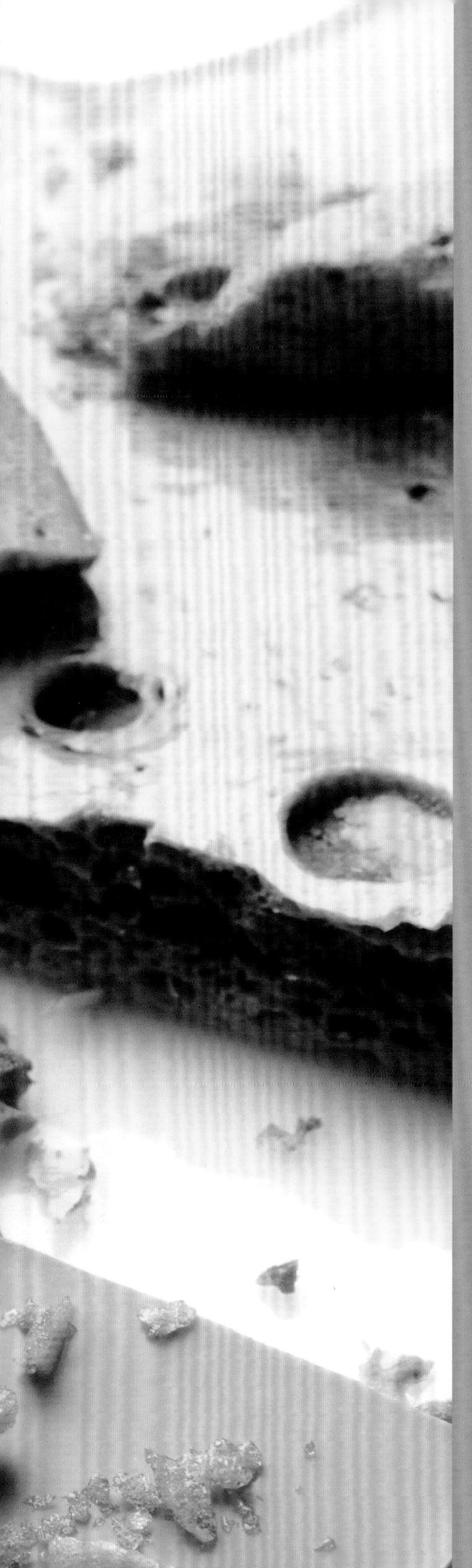

第四章

巧克力点心

撒到巧克力上面或者做成装饰的蜂巢脆、蜜脆可可粒、酥饼3种甜品。除了本书给大家展示的巧克力组合之外，大家可以根据各自的喜好、口感，设计多种巧克力点心。

01 蜂巢脆

不用烤箱烘烤，大小可随意裁切的一款口感酥脆的蜂巢脆。味道和养乐多相似，但加入了蜂蜜，入口更柔和、甜蜜。撒到巧克力块上口感酥脆，入口即融。赋予巧克力更为酥脆的口感。

蜂巢脆

原料　砂糖274克，葡萄糖108克，蜂蜜48克，水40克，烘焙苏打8克

① 奶锅中加入葡萄糖、水，煮沸到140℃后，加入蜂蜜煮到170℃。

② 离火后混合烘焙苏打，快速用打蛋器搅拌。

Tip：过度搅拌容易消泡，搅拌到烘焙苏打混合均匀的程度即可。

③ 特氟龙垫上用喷油瓶喷油。

Tip：没有喷油瓶可用刷子薄涂一层食用油。

④ 蜂巢脆鼓起后，倒在铺了特氟龙垫的托盘上。

⑤ 凝固，待蜂巢脆完全定形，凝固好的蜂巢脆能一整块轻松拿下来。

⑥ 根据用途掰成小块，完美的蜂巢脆断面有气泡，咀嚼时口感酥脆。

Tip：要用密封容器保存蜂巢脆，注意不能受潮否则会变软。

02 甜脆可可粒

使用糖水煮可可粒，再用烤箱烘烤，就成了酥脆又甜美的甜脆可可粒。嘎嘣脆的口感加上不那么甜的味道，可撒在巧克力上面做装饰。

甜脆可可粒

原料　砂糖66克，水45克，可可粒33克

①加入一半的水和砂糖，中火煮到沸点。

②砂糖开始融化后加入可可粒，煮2分钟。

Tip：这里用到的是法芙娜的产品。

③过筛，漏去可可粒上的水分。

④剩余的糖水重新倒入奶锅中，再加入剩余的砂糖煮到沸点，再次放入可可粒煮1分钟。

⑤重新过筛，倒在特氟龙垫上。

⑥将特氟龙垫上的原料薄薄地铺开，送入预热170℃的烤箱烘烤15分钟，烤到表面润泽、酥脆的状态。

⑦根据用途掰成适当大小。

Tip：甜脆可可粒可用作多种装饰，也能加入坚果制成单品售卖。

03 酥饼

棒子酥饼、杏仁酥饼、巧克力酥饼，根据用途不同可做出多款酥饼。酥饼之间可以挤入巧克力或将酥饼插到巧克力中间。

酥饼

原料

◦ 榛子酥饼

低筋面粉84克，榛子粉17克，肉豆蔻粉1克，无盐黄油50克，糖粉34克，动物奶油21克，蛋黄14克，香草香精1克，盐适量

◦ 杏仁酥饼

低筋面粉42克，无盐黄油25克，糖粉17克，动物奶油11克，蛋黄9克，杏仁粉9克，香草香精1克，盐适量

◦ 巧克力酥饼

低筋面粉160克，无盐黄油120克，糖粉80克，蛋黄24克，可可粉24克，牛奶16毫升，盐2克

① 黄油切成方块，不加热直接用打蛋器搅拌。

② 糖粉过筛，混合均匀。

③ 轻轻地用打蛋器搅打食盐和蛋黄（或全蛋液），分1~2次加入混合。

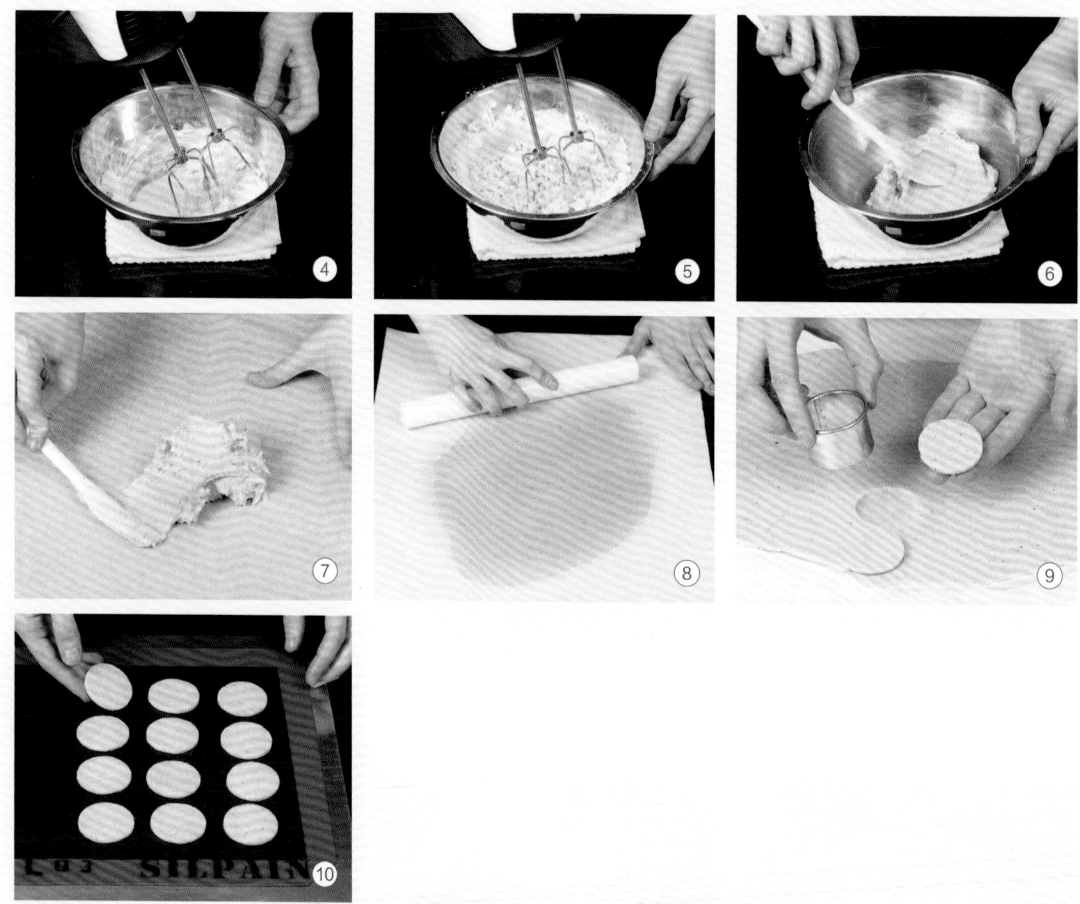

④ 奶油（或牛奶）也分2~3次混合均匀。

⑤ 粉类（低筋面粉、香草精、肉豆蔻粉、杏仁粉）过筛，再用打蛋器手动拌匀。

Tip: 榛子粉的颗粒较大不能过筛，可直接加入混匀。

⑥ 搅拌好的原料送入铺了保鲜膜的冰箱内，冷却2小时。

⑦ 冷却后的原料再次轻轻搅拌后，铺到烘焙纸上。

⑧ 再铺一张烘焙纸，用擀面杖擀成3毫米厚的薄片，送入冰箱冷却一会儿。

Tip: 若原料较稀裁切后不好移动，用擀面杖擀好后即送入冷冻室稍微放一会儿，变硬了再裁切。

⑨ 拿掉烘焙纸，根据用途裁切成合适的大小。

⑩ 放到烘焙硅胶垫上，送入预热180℃的烤箱内，烘烤15~20分钟，冷却。

Tip: 第 142 页中做的小鸡巧克力，用到的是直径 2.4 厘米的酥饼，可在预热 150℃的烤箱内烘烤 10~15 分钟，至金黄棕色后冷却。

Sable

后记

从装饰巧克力的甜点到一口一个的巧克力球，再到称为艺术品的工艺巧克力，巧克力的世界真的是无穷无尽。了解巧克力，知道它是如何制作的，再加以运用，可以说是在很多领域都能用得上的知识。

和每个月上新多种烘焙书刊不同，为什么和巧克力相关的书籍一年都出不了一本呢？符合初学者的眼光、说明通俗易懂又附有详细配方、可根据读者的喜好挑选的和巧克力相关的书到现在都不是很多。我不认为大众对于巧克力的关心太少或是

认为出书的必要很小，反而与巧克力相关的课程、手工巧克力或巧克力饮料的需求最近都在疯涨，由此我认为将来读者对巧克力领域的专业书籍的需求会有所增加，所以才写了此书。

本书内容涵盖了大家可能觉得陌生但很独特的巧克力相关的详细说明，并附加了细致的巧克力制作过程，我想要通过巧克力给大家展现无限的想象力，想为关心巧克力和烘焙的人带来新颖的灵感。所以关于理论和原理方面我都解释的非常轻松易懂，制作巧克力的全部过程中没有落下一个关键点并且附加了图片解说。我努力练习制作出超越焦糖自身性质的巧克力配方，然后再加以运用。

期待本书能给怀揣巧克力技师梦想的人和想要拓展巧克力相关领域的甜点师，甚至刚刚入门的初学者带来更多灵感。也希望能通过此书使“巧克力”走入大众视野，成为助益相关领域的主题。

编者

2019年9月